太空
运转的奥秘

赵冬瑶　韩雨江　李宏蕾 / 主编

吉林科学技术出版社

随着科学家的不断探索，让我们知道了宇宙中并非只有我们的太阳系和银河系，还有那浩瀚无垠的河外星系。人类对宇宙的探索从未停止，越来越多的天文仪器问世，它们变得越来越精准。终于在 20 世纪 50 年代，人类借助宇宙飞船迈进了太空，实现了人类进入太空的梦想。在不久的将来，人类也许可以乘坐太空飞船实现太空旅行呢。本书将带你一起领略宇宙的浩瀚与神秘，书中生动有趣的故事将带给你不一样的阅读体验。

主标题 ——➤

银盘

主文字
银盘的解说
释义 ——➤

银盘是在旋涡星系中由恒星、尘埃和气体组成的扁平盘。银盘是银河系的主要组成部分，银河系的大部分可见物质都在银盘的范围之内。银盘以轴对称形式分布于银心周围，它的平均厚度只有2000光年，可见银盘是非常薄的。就像其他旋涡星系一样，银河星系的银盘也绽放着蓝色的光芒，那是因为银盘聚集着年轻的恒星，而年轻的恒星常常呈现淡蓝色。

观测银盘

由于我们身处于银河系之中，因此我们很难认识银盘的结构，比如我们站在一棵大树下，想要得知森林的全貌，是很难的。不过天文学家利用整个电磁波谱进行研究，不同的波段可以展示出不同的模样，科学家通过得到的电磁波谱描绘出银盘的全景图。红外观测能够探测到热辐射，可以帮我们透过尘埃观测，而那些来自中子星、黑洞等奇异的能量则可以通过X射线和Y射线观测。

知识点
介绍银盘的特性、规律、
属性等信息 ——➤

知识指引
详细指示知识点
相应位置

银盘是在旋涡星系中由恒星、尘埃和气体组成的扁平盘。

银晕是由银河系外分布的稀疏的恒星和星际物质组成的球状区域。

发光的"银盘居民"
银盘中存在着大量星云。就像位于天鹅座的蝴蝶星云，它呈红色，这种明艳的颜色来自氢元素，靠吸收近距离恒星的星光之后发光。

趣味探索
关于银盘的趣味性
小知识

银盘"特殊的邻居"

在银河系可探测的物质中，不得不提的是银盘的"邻居"银晕，银晕"居住"在银盘的外围，银晕中分布着一些由老年恒星组成的球状星团；而银盘的范围比银晕小，物质密度却比银晕高得多，太阳就"居住"在银盘内。

127

目 CONTENTS 录

 太阳系

银河系

星际探测

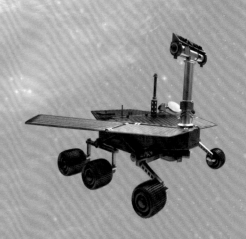

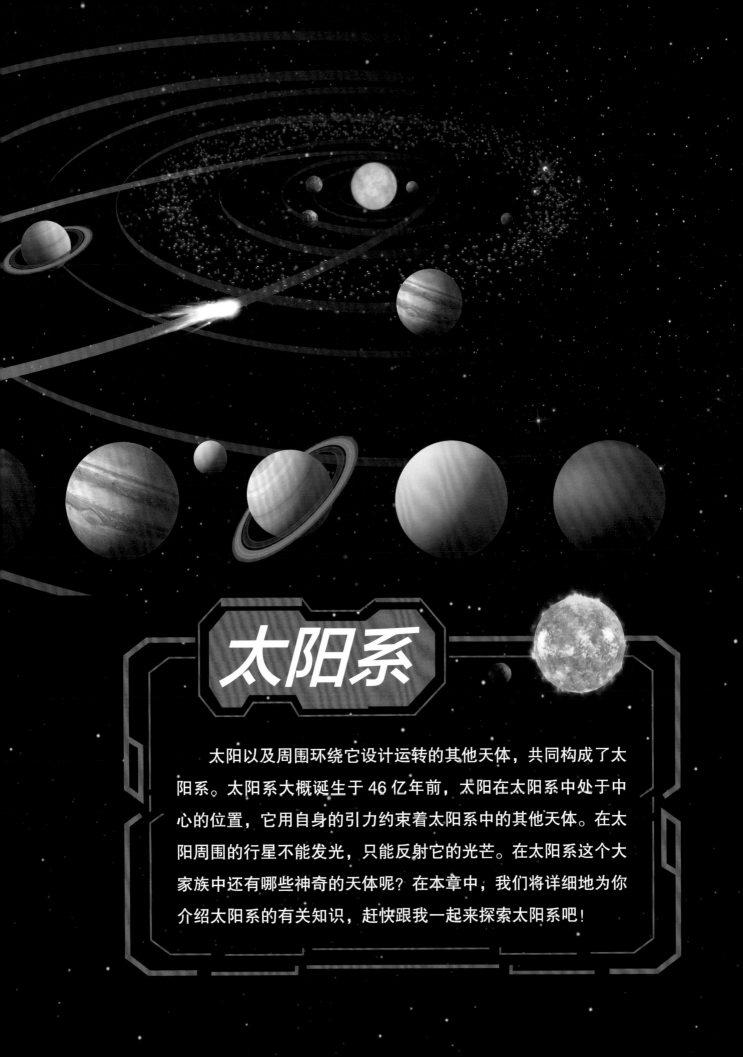

太阳系

　　太阳以及周围环绕它设计运转的其他天体，共同构成了太阳系。太阳系大概诞生于 46 亿年前，太阳在太阳系中处于中心的位置，它用自身的引力约束着太阳系中的其他天体。在太阳周围的行星不能发光，只能反射它的光芒。在太阳系这个大家族中还有哪些神奇的天体呢？在本章中，我们将详细地为你介绍太阳系的有关知识，赶快跟我一起来探索太阳系吧！

太阳系

　　我们生活在地球上，每天接触的事物都是地球赋予我们的，当我们仰望天空的时候，觉得天空离我们很远很远，确实，我们所在的世界是很大的。当提到"天上的天体"时，我们就一定会想到太阳，我们每天都能看到太阳"上班"，但太阳并不只是自己"生活"，你可能不会相信，地球和太阳是"一家人"，属于同一个"家族"。太阳的这个大家族，叫作太阳系。太阳系是由许许多多的"家庭成员"组成的，从这个家族被命名为"太阳系"就可以知道，太阳在太阳系中处于中心的位置，它用自身的引力约束着生活在太阳系中的其他天体。

星系之间的关联

　　太阳系"家族"生活在一个被称为银河系的星系内，太阳系的位置在银河系外围的一条被称为"猎户臂"的旋臂上。地球上能发展出生命的一个重要因素就是太阳在银河系之中的位置，太阳运行的轨道极其接近圆形，并且和旋臂保持大致相等的速度，这意味着它相对于旋臂几乎是静止的，因此使得地球长期处在稳定的环境之中。

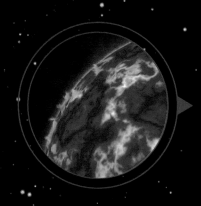

太阳

　　太阳是太阳系中唯一一个自身能发光的天体，也是太阳系中最重要的成员。太阳是一颗中等大小的黄矮星，它有足够的质量使内部的压力与密度能承受和平衡核聚变产生的巨大能量，并以辐射的形式让能量稳定地进入太空。

海王星

天王星

土星

木星

火星

地球

金星

水星

太阳

太阳系"家庭成员"

  太阳系的领域以太阳为中心，同时还包括了八大行星，至少173颗已知的卫星，众多的小行星、彗星和流星体等，一些已经辨认出来的矮行星以及冰冻小岩石，存在于被称为柯伊伯带的第二个小天体区。其中八大行星依照距离太阳从近到远的顺序分别是：水星、金星、地球、火星、木星、土星、天王星和海王星。

太阳系身世之谜

　　人们的智慧总是无穷无尽的，这也就激发了人们探索世界的兴趣。尽管人们无时无刻不在探索，但是有些事物和现象依旧是未解之谜。太阳系就是人们一直深入研究和探索的目标之一，我们生活的地球是太阳系中的一员，太阳系是宇宙中的一个普通的星系。宇宙中的天体数以亿计，想要全部了解，还需要很长的时间。不过，目前人们对太阳系的研究可以说是很有收获的，随着科学技术的不断发展，人们探测太空的手段和方法都在逐渐进步，宇宙的奥秘也逐一被揭开。

星云

太阳系是怎样形成的

　　关于太阳系的起源，有一种星云假说在1755年由德国哲学家康德首先提出。康德认为太阳系是在46亿年前，由一团星云演变来的。他认为，在太阳系开始产生时，处于原始混沌状态的物质微粒本身就具有斥力与引力。引力的作用导致星云中分散的物质微粒形成各种不同的凝聚体。斥力则导致星云的横向偏离与漩涡运动，从而使物质微粒凝成的行星绕日运行。这样，引力与斥力的矛盾就达到了最小相互作用的状态，形成了我们的太阳系。

太·阳·系

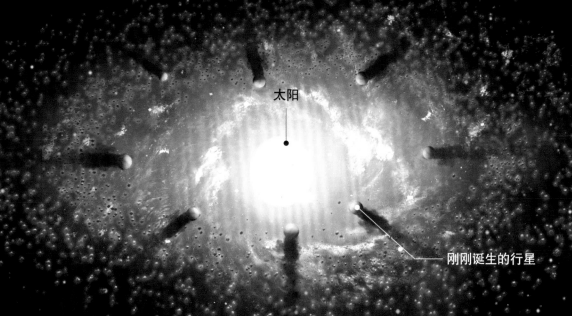

太阳

刚刚诞生的行星

内太阳系

　　我们知道太阳系是以太阳为中心的一个大家族，它周围由近及远分布着八大行星，这八大行星的自转方向多数和公转方向是一致的，只有金星和天王星例外。虽然八大行星都处于太阳系，但依据距离太阳的远近又被划分为内太阳系和外太阳系，以小行星带为界限，从太阳到小行星带之间的区域被称为内太阳系。这一区域的行星"很拥挤"，它们距离太阳近，表面温度很高，体积和质量相对比较小。我们生活的地球也在这一区域内，因此，许多科学家一直在探测和研究，试图从我们的"邻居"行星上找到生命存在的痕迹。

内太阳系四大行星的顺序

　　内太阳系中的四大行星距离太阳最近的是水星，由于距离太阳十分近，所以水星的表面温度很高，航天器不易接近，在地球上也很难观测。水星之后是金星，它是全天最亮的行星。我们的地球是距离太阳第三近的行星，位于地球之后的是火星。火星直径约是地球的1/2，是八大行星中第二小的行星。

地球　金星　火星　水星

内太阳系的四大行星有什么特点

内太阳系的四大行星的特点是密度大，只有少量卫星或没有卫星，没有环系统。四大行星中，金星、地球和火星是有实质大气层的。

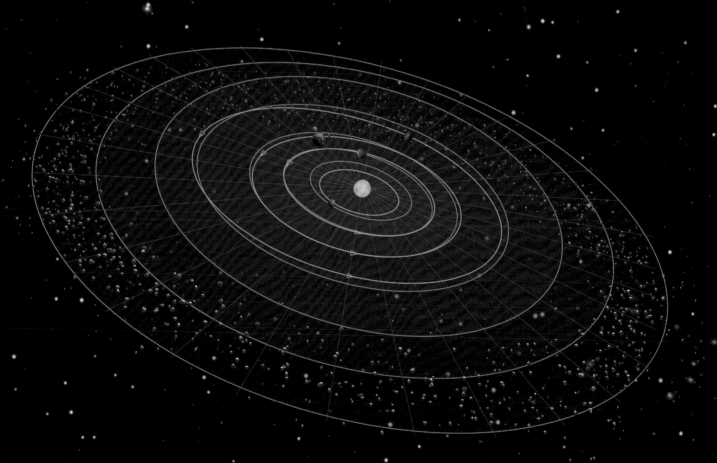

太·阳·系

游移不定的小行星

在太阳系家族之中，有一片区域极为"热闹"，那里经常会发生撞击的"战争"，但这并不是因为家庭成员之间不和谐，而是因为成员数量太庞大，可能一个"转身"就会发生撞击事件。这片区域位于太阳系内，介于火星和木星的轨道之间，这里小行星密集，被称为小行星带，太阳系98.5%的小行星都在此处被发现。小行星带是小行星最密集的区域，那里估计有多达50万颗的小行星。如此之多的小行星能够在小行星带之中被凝聚起来，除了太阳的引力作用之外，木星的引力实际上起着更大的作用。

小行星带"成员"的相貌

截至21世纪，许多航天器探访过多颗小行星，根据对它们形貌的探测与研究，科学家发现，许多小行星的表面凹凸不平，布满了大小不一的撞击坑，而且表面上有许多的巨砾。小行星和地球一样，表面上也有许多沟槽、裂谷和裂缝。

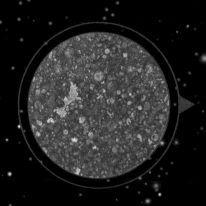

物理特征

　　小行星带之中的小行星主要有两种类型。其中，一种是小行星带外缘靠近木星轨道的，富含碳的C型小行星，这类小行星占总数的3/4以上，它们表面的组成与碳粒陨石形似，但缺少一些易挥发的物质。还有一种靠近小行星带的内侧部分，以含硅的S型小行星较为常见，它们一般由硅化物组成。

小行星之间的碰撞可能形成拥有相似轨道特征的小行星族，这些碰撞也是产生黄道光的尘埃的主要来源。

远方的朋友们

　　没人知道人类的极限在哪儿，就像没人知道宇宙的尽头在哪里。前有"旅行者"号，后有"新视野"号，它们每次传回来的消息都令人类振奋，"新视野"号拍到的天体就处于外太阳系中的柯伊伯带，让大家知道了什么叫外太阳系。太阳系可分为几个区域，内太阳系是太阳到小行星带之间的区域；外太阳系是小行星带与海王星之间的区域，包括木星、土星、天王星和海王星；外海王星区是海王星以外的区域，一直到奥尔特云的边界。你可以把我们的太阳系想象成太空中的社区，类地行星居住在市中心，类木行星则居住在郊区的大别墅里，而海王星以外的鸟神星、妊神星、冥王星则相当于居住在偏远的乡村。

木星

土星

天王星　海王星

《行星定义》

  2006年国际天文学联合会（IAU）第26届大会通过了一个《行星定义》，凡满足以下三个判据的天体定义为行星：①绕日运行；②近球形状；③轨道清空。满足①、②两个判据且不定卫星的天体定义为矮行星，仅满足①一个判据的天体定义为太阳系小天体。根据上述定义，太阳系共有八个行星，即水星、金星、地球、火星、木星、土星、天王星和海王星。

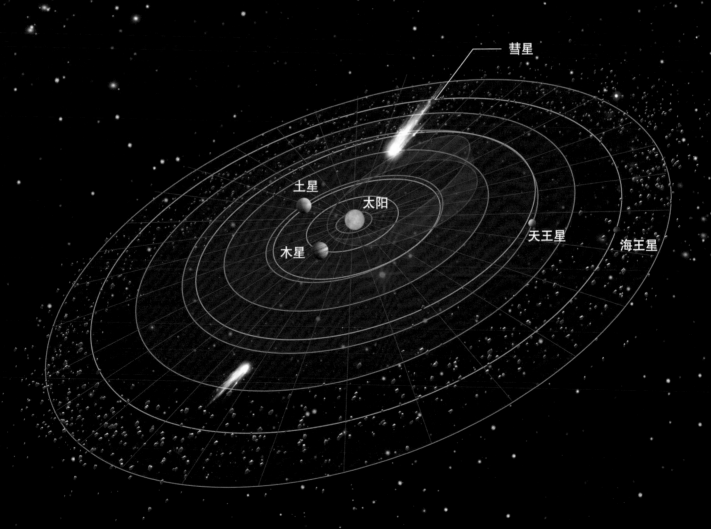

彗星
土星
太阳
天王星
海王星
木星

八大行星

　　"行星"这一说法起源于希腊语，它原意指太阳系中的"漫游者"。八大行星是太阳系的八个行星，它们像形影不离的好朋友，始终围绕着太阳旋转。八大行星中，靠近太阳的水星、金星、地球、火星属于内太阳系的成员，它们的体积和质量较小；而木星、土星、天王星、海王星的体积和质量则较大，它们就像"家"中的"兄长"一样，在外围保护着自己的"弟弟"。

谁是被除名的成员

　　最初，行星家族中一共有九位成员，除了大家熟知的八大行星以外，还有一颗冥王星。但是由于冥王星不符合新的《行星定义》，因此被降级为矮行星。

水星

金星

地球

火星

木星

土星

天王星

海王星

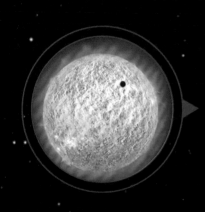

行星凌日

　　行星凌日是一种奇异的天文景观，它的成因是光的直线传播定律。当地球、太阳与该行星在同一直线上时，就会有这种现象出现，常见的有水星凌日、金星凌日。行星凌日是一种很难得的天象，是天文学家认识宇宙的重要工具。天文学家第一次较为精确地测量了日地距离就是借助水星凌日现象。

行星与恒星的区别

　　恒星是宇宙中靠核聚变产生能量而自身能发光发热的天体，行星则是自身不发光，环绕着恒星运转的天体。恒星通常比较大，而行星相对较小；恒星的位置相对稳定，行星看起来则经常移动。

太阳系的边界

　　荷兰裔美籍天文学家杰拉德·柯伊伯提出，在太阳系边缘存在一个带状区域，为了纪念他的发现，人们把这一区域命名为"柯伊伯带"。柯伊伯带在太阳系外围，海王星轨道以外，距太阳30～500天文单位（AU）的环带天区内。

柯伊伯带天体的形成

　　柯伊伯带天体是太阳系形成时遗留下来的一些团块。在45亿年前，有许多这样的团块在更接近太阳的地方绕着太阳转动，它们互相碰撞，碎片结合在一起，形成地球和其他类地行星，以及类木行星的固体核。柯伊伯带天体也许就是一些遗留物，它们在太阳系刚开始形成的时候就已经在那里了。

柯伊伯带的天体颜色

　　柯伊伯带的天体可以说是太阳系边缘的一道美丽风景线，据称，柯伊伯带的天体能呈现出一系列颜色，从黑白色或较淡的蓝色，到鲜艳的大红色。至于柯伊伯带为什么会有这种五颜六色的现象还是一个未解之谜，但这足以表明它的组成成分非常多。

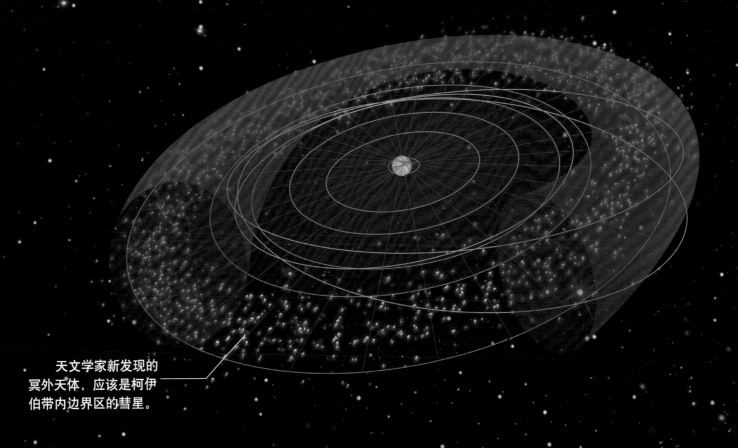

天文学家新发现的
冥外天体，应该是柯伊
伯带内边界区的彗星。

炙热的大火炉

　　一年四季，每个白天都有一个"好朋友"在陪伴我们，它总是不知疲倦地把温暖和光明带给我们，它每天都"按时"上下班，从不缺席。你们猜到这位"朋友"是谁了吗？它就是距离我们很远、为我们默默奉献的太阳。太阳是太阳系的中心天体，太阳系中的八大行星、小行星、矮行星等，都围绕着太阳公转，而太阳则围绕着银河系的中心公转。我们看到的太阳几乎是一个平面的圆形，但其实它是一个巨大的球体，按照由内向外的顺序，它由日核、中层（辐射区）、对流层、光球层、色球层、日冕（miǎn）构成。

太阳黑子

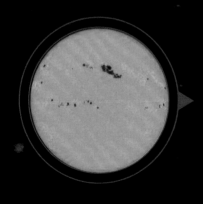

　　在太阳的表面上出现的暗黑斑块，它们就是太阳黑子。太阳黑子倾向于成群出现，因此太阳表面上经常形成一些太阳黑子群。每群中的太阳黑子从一两个至几十个，单个太阳黑子大小则从几百至几万千米。

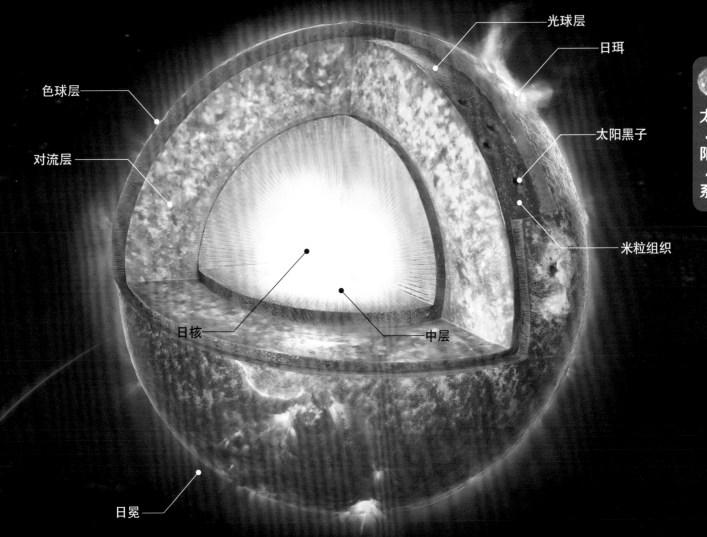

色球层

对流层

光球层

日珥

太阳黑子

米粒组织

日核

中层

日冕

太阳有多大

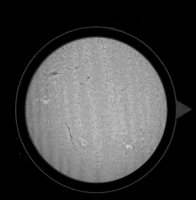

据计算，太阳的半径约为69.6万千米，是地球半径的109倍。太阳的体积则是地球体积的130万倍。

太阳的表面

你知道太阳长什么样吗？我们对太阳的印象就是，太阳是个圆的、会发光的天体，由于太阳光很刺眼，所以我们并不能用肉眼仔细地观测太阳。我们能感受到太阳光，但是我们却看不到太阳的表面。太阳的表面究竟是什么样的呢？其实，我们能看到的太阳表面就是太阳的光球层，又称"光球"，我们所接收到的太阳的能量基本上是光球层发出的。我们看到的太阳是明亮的，但它的各部分的亮度却是很不均匀的，日面的中心区最亮，越靠近边缘越暗，这种现象叫作临边昏暗。太阳的表面也并不是平滑的，看上去像是许许多多的小颗粒镶嵌和挤压在一起。

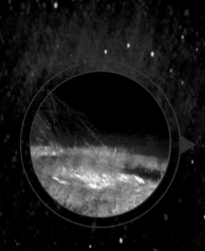

光斑

光斑是太阳光球层上比周围更明亮的斑状组织，它有别于太阳黑子，比太阳黑子明亮许多。光斑常在太阳表面的边缘活动，却极少在日面中心"抛头露面"。

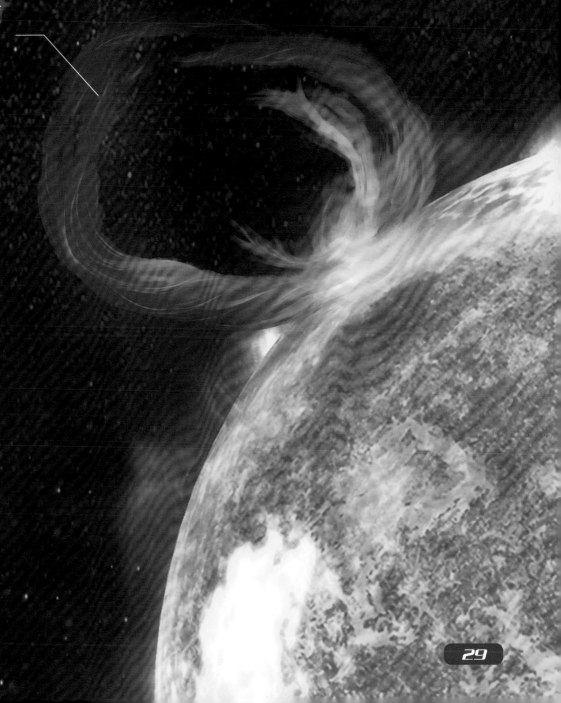

太阳活动

　　太阳看起来很平静，有时候"藏起来"是因为云朵的运动遮住了它。其实，太阳时时刻刻都在发生着剧烈的活动，这种现象被称为太阳活动。太阳表面和大气层中的活动现象，例如太阳黑子和日冕物质抛射等，会造成地球上许多的物理现象，例如极光增多、大气电离层和地磁的变化。

太阳活动的增强，会严重干扰地球上无线通信及航天设备的正常工作。

太阳离我们有多远

　　人类的智慧是无止境的，浩瀚宇宙中的无尽奥秘是人们探索的动力。太空世界蕴藏着许多未解之谜，但这并不影响人们对太空探索的热情。宇宙中的天体，时时刻刻都在运动，只不过距离太遥远我们不能用肉眼看清楚。但是人类总是能凭借自己的智慧，一点点揭开宇宙神秘的面纱。比如测量恒星的距离，这是一件非常困难的事情，但是随着科学技术的发展，人们已经把这件事变得容易。

恒星距离

　　恒星距离我们非常遥远，而且由于恒星自身发光强弱的不同，所以它的星等差距很大。在16世纪哥白尼提出了"日心说"以后，许多天文学家试图测定恒星的距离，但由于当时的观测精度不高而没有成功。直到19世纪30年代后半期，才取得成功。

日地距离

　　日地平均距离（地球轨道半长轴)A为1.496×10^8千米，其周年变化约为1.5%，每年1月地球在近日点时为1.471×10^8千米，7月在远日点时为1.521×10^8千米。光线从太阳到达地球需时约500秒。当观测者在日地平均距离处注视太阳时，视向张角$1''$对应于日面上725.3千米。

开普勒定律

　　开普勒定律是德国天文学家开普勒提出的关于行星运动的三大定律，其中第一定律和第二定律发表于1609年，第三定律发表于1618年。这三大定律又分别称为椭圆定律、面积定律和调和定律，它们对于人们的天文研究做出了很大的贡献。

太阳的一生

我们正在享受着太阳给我们的恩惠，习惯了它每天对我们的陪伴。太阳不仅充满了神秘之感，也会带给世间万物更多的动力和能量。但是，你知道吗？太阳和我们一样，它也有自身的生命演化过程，只是从诞生到死亡，它经历的时间比较长。大约在50亿年前，浩渺无垠的宇宙并不是空无一物的空间，在群星之间布满了物质。这些物质是气体、尘埃或是两者的混合物，在这些"成员"之中，就有形成太阳的物质。太阳并不是突然诞生的，它是经过一段时间的变化和发展而累积形成的。在太阳还是个"小孩子"的时候，它的"情绪"并不稳定，时常会发生变化，导致体积膨胀不定。随着"年龄"的增长，太阳逐渐变得"稳重"了，直到变成现在我们看到的样子。

太阳是怎样诞生的

在50亿年前，有一种被称为"太阳星云"的星际尘云开始重力坍缩，它体积越来越小，核心的温度却越来越高，密度也随之越来越大。当它的体积缩小到原来的百分之一以后，便形成一颗原始恒星。当这颗原始恒星的核心区域温度达到千万摄氏度时，触发了聚变反应，至此，一个名为"太阳"的恒星诞生了。

太阳的"中年时代"

我们现在所看到的太阳，已经是"中年"的太阳了，这时的它处于一个"稳定期"。此时的太阳，相当稳定地发出光和热，这种状态能持续一百亿年之久。

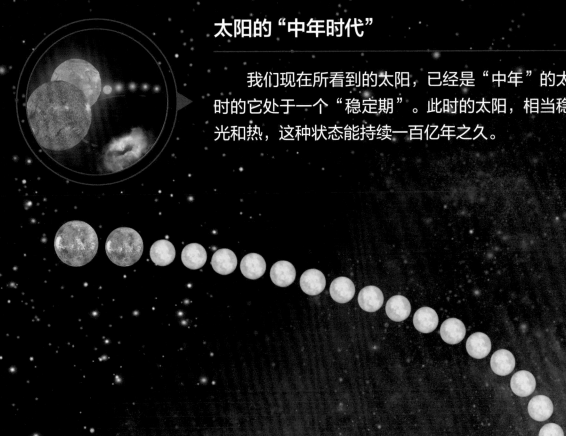

太阳的归宿

随着时间的流逝，太阳也会逐渐走向"衰老"，当太阳的主要燃料氢（qīng）和氦耗尽之后，体积可缩小到只有目前太阳半径的1%，而密度大约是现在的100万倍，成为一颗白矮星。太阳在白矮星阶段大约经历50亿年之后，将变成一颗不发光的恒星——黑矮星。

太阳风

　　人们经常能够在科幻小说中看到"太阳风"一词，当你看到这个词的时候第一反应是什么呢？其实，太阳风只是一种形象的说法，并不是指在太阳上刮起的风或是像太阳一样热的风。太阳风的"风"和我们在地球上空气流动形成的风的性质完全不同。太阳风是从日冕向行星际空间连续抛射的粒子流。太阳风不是由气体分子组成的，而是由 α 粒子、质子和自由电子组成的。由于它们流动时所产生的效应与地球上空气流动的风十分相似，因此被称为"太阳风"。

太阳风的密度与地球上风的密度相比十分稀薄，但是太阳风刮起来的猛烈程度却远远超过了地球上刮风的程度。

太阳风是如何形成的

　　太阳的最外层是日冕，属于太阳的外层大气，而太阳风就是在日冕上形成并抛射出去的。由于日冕的温度很高，气体的动能较大，因此它可克服太阳的引力向星际空间膨胀，形成了不断抛射的一种比较稳定的粒子流，这就是太阳风。通常太阳风的能量爆发来自太阳耀斑或其他被称为"太阳风暴"的气候现象。

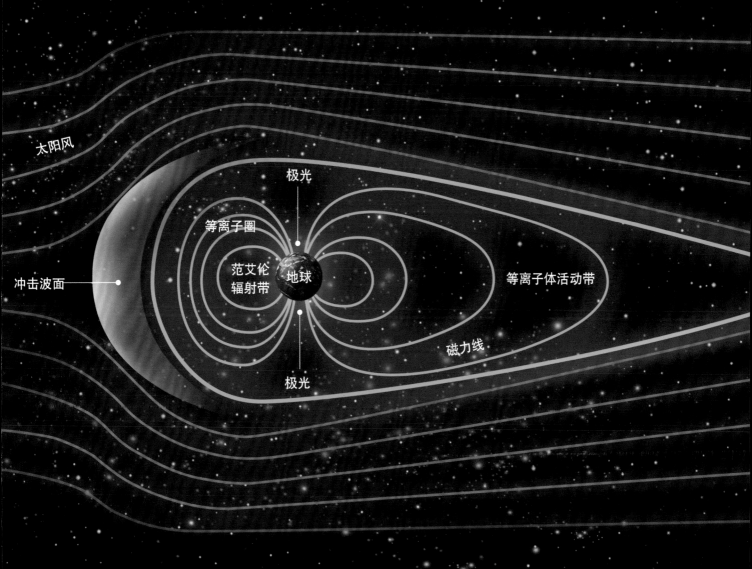

太阳风

极光

等离子圈

冲击波面

范艾伦辐射带

地球

等离子体活动带

磁力线

极光

日食

　　我们有时会看到太阳"缺少"一部分的现象，这种现象其实是日食现象。日食又被称为"日蚀"，是月球运动到太阳和地球的中间，三者正好处于同一直线时，月球挡住太阳射向地球的光而身后的黑影正好落到地球上的现象。日食只发生在朔日，也就是农历初一，但也并不是所有朔日必定会发生日食现象。日食现象通常持续的时间很短，在地球上能看到日食的地区也很有限。这是因为月球比较小，它本身的影也比较短小，因而月球本影在地球上扫过的范围不广，时间也不长。

日食的种类

　　由于太阳和月球的运行轨道不是正圆，导致每次产生日食存在一些不确定性，因此，日食也分为不同的种类。太阳完全被月球遮住的现象称为日全食；太阳有一部分被月球遮住而另一部分继续发光的现象称为日偏食；月球的视直径略小于太阳而太阳的边缘在发光的现象称为日环食；掩食带中心线上的有些地方可以观测到日全食，另一些地方可以观测到日环食；那么我们就称其为混合食，又被称为"第四种日食"，即所谓的"日全环食"。

太阳光线

日食有什么重要意义

　　日食现象一直很受人们的重视，不仅是因为它是一种具有观赏性的景观，更重要的原因是它的天文观测价值巨大。太阳本身的光芒非常刺眼，而月球的遮挡能让太阳暗下来，这时原本不易观测的日冕会显露出来。科学家利用日食能收获重大的天文学和物理学发现，最著名的例子就是1919年的一次日全食，它验证了爱因斯坦广义相对论是正确的。

月球 —— ●　　　　　●—— 影锥　　　　　　地球

日全食　　　日偏食　　　日环食

水星

　　太阳系中的每一位"家庭成员"都深受人们的关注，也许以后我们的家园会"扩建"到其他行星上去，因此，对行星的研究十分必要。水星和太阳的平均距离为5791万千米。水星通常不怎么"抛头露面"，其实真正的原因是，平时在太阳光的照耀下，人们很难看见水星，只有在日食的时候，水星才有"崭露头角"的机会。

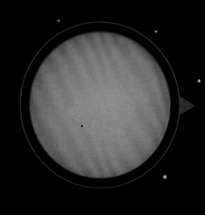

水星凌日

　　当水星"跑"到太阳和地球之间时，人们会看到太阳上面有一个小黑点穿过，这种现象即水星凌日。水星凌日的道理和日食类似，但是水星距离地球比月球距离地球远，视直径仅为太阳的1/190万。水星凌日时能挡住太阳的面积很小，不足以减弱太阳的光亮，因此这种现象肉眼难见，只能通过天文望远镜进行投影观测。

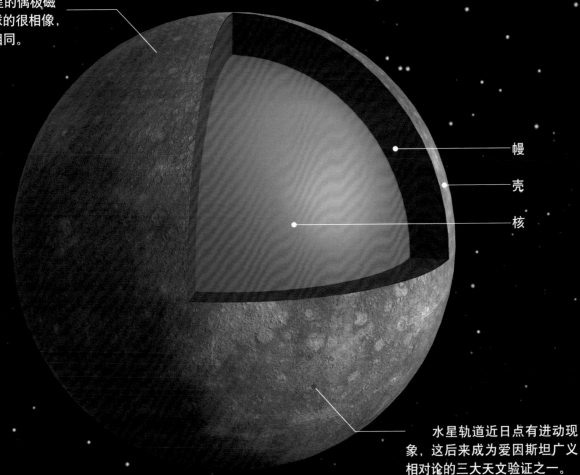

水星的偶极磁
场与地球的很相像，
极性也相同。

幔

壳

核

水星轨道近日点有进动现
象，这后来成为爱因斯坦广义
相对论的三大天文验证之一。

水星有磁场吗

　　水星的磁场虽然强度还不到地球磁场强度
的1%，但它却是太阳系类地行星中除了地球以
外唯一一个拥有全球性磁场的行星。

水星的结构

　　作为太阳系"家族"中体积最小的成员，水星总享受着来自太阳的保护，也正因如此，水星似乎总是处于被"埋没"的状态，因为太阳的光芒已经严严实实地将它笼罩住。事实上，水星是类地行星，也是太阳系八大行星中轨道夹角最大的。水星虽然质量较大，但是它的体积甚至比一些天然卫星还要小。水星的反照率只有0.06，在四个类地行星（水星、金星、地球和火星）中是最小的。

水星日

　　在地球上，1天可以称为1个地球日，而水星的"水星日"以地球日为单位来计算则会与地球日有相当大的不同。在太阳系的行星中"水星年"时间最短，但是"水星日"却比其他行星更长。地球每自转1周就是1昼夜，而水星自转3周才是1昼夜，水星上1昼夜的时间相当于地球上的176天。

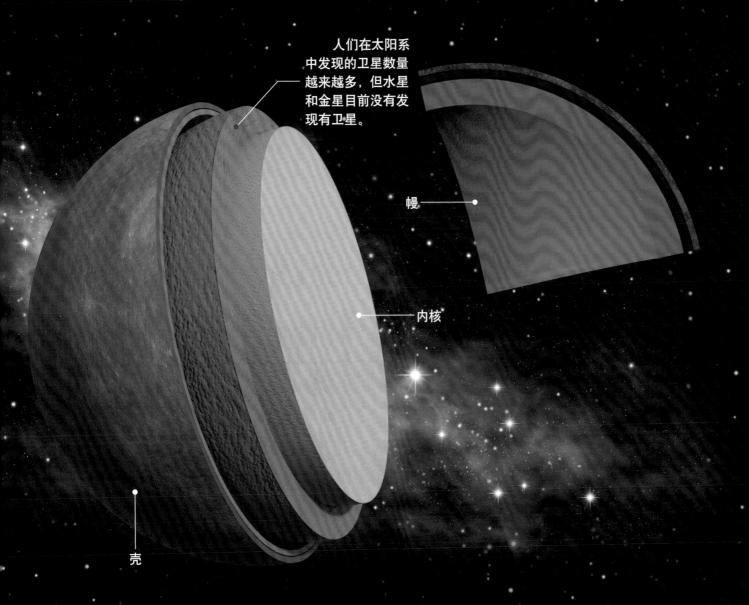

高金属性
　　水星铁成分所占的比例是
行星和卫星中最大的，这表明
水星具有高金属性。

人们在太阳系
中发现的卫星数量
越来越多，但水星
和金星目前没有发
现有卫星。

幔

内核

壳

水星的地貌

　　水星虽小，但是其处于"冰火两重天"的温度却是它显著的特征，由于它距离太阳太近，导致人们对它"望而却步"。但是科学研究的脚步不能停，人们还是创造了能"登门拜访"水星的探测器，它就是"水手"10号探测器。通过"水手"10号探测器带回来的信息，我们能清楚地了解到水星表面和月球表面很像，那儿也是一个"景色十足"的地带。水星表面最显著的特征之一就是一个直径约1550千米的冲击性环形山——卡路里盆地，它是水星上温度最高的地区。像月球的盆地一样，卡路里盆地极可能形成于太阳系早期的大碰撞。

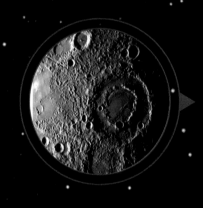

遭受无数次撞击的水星

　　从水星表面到处坑洼的情况可以看出，它的表面曾遭受过无数次的撞击。当水星受到巨大的撞击后，就会形成盆地，而周围则是山脉环绕。在盆地之外是经过撞击后喷出的物质，以及平坦的熔岩洪流平原。在水星几十亿年的演变过程中，表面还形成了许多相互交错的褶皱、山脊和裂缝。

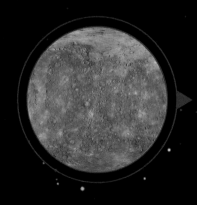

与月球表面相似

　　水星表面与月球表面极为相似，有着星罗棋布的大大小小的环形山，既有高山，也有平原，还有令人胆寒的悬崖峭壁。据统计，水星上的环形山有上千个，这些环形山比月球上的环形山的坡度平缓些。水星表面有些巨大的急斜面，其中一些有3千多米高。有些急斜面横处于环形山的外环处，而另一些急斜面的面貌表明它们是受压缩而形成的。

从水星表面的地貌可以推测出水星的经历。

卡路里盆地

环形山是如何命名的

水星表面的环形山和月球上的环形山一样，人们也对其进行了命名。在国际天文学联合会已命名的310多个环形山的名称中，其中有15个环形山是以我们中华民族的人物的名字命名的，包括唐代诗人李白和白居易，元代戏曲家关汉卿和马致远，还有现代文学家鲁迅，等等。

金星

我们已经知道太阳最近的邻居是水星，而水星有两个邻居，除了太阳以外，另外一个邻居就是金星。金星是太阳系中八大行星之一，也是一颗类地行星，因为其质量与地球类似，有时也被人们叫作地球的"姐妹星"。在我国古代金星被称为长庚、启明、太白或太白金星。

地球的"姐妹星"

金星被人们称作地球的"姐妹星"，原因是它们有许多相似之处。两者的大小几乎一样，金星的赤道半径6052千米，约为地球的95%。质量约为地球的82%。体积约为地球的85%。但是，尽管如此相像，两者的环境却截然不同：金星的表面温度很高，不存在液态水，大气压力极高并且严重缺氧，因此金星上存在生命的可能性极小。

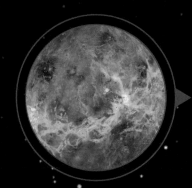

天空中最亮的行星

金星是天空中最亮的行星，最亮时可达-4.7视星等。金星犹如一颗耀眼的钻石，于是古希腊人称它为"阿佛洛狄忒"——代表爱与美的女神。由于离太阳比较近，所以在金星上看太阳，比在地球上看到的太阳大1.5倍。

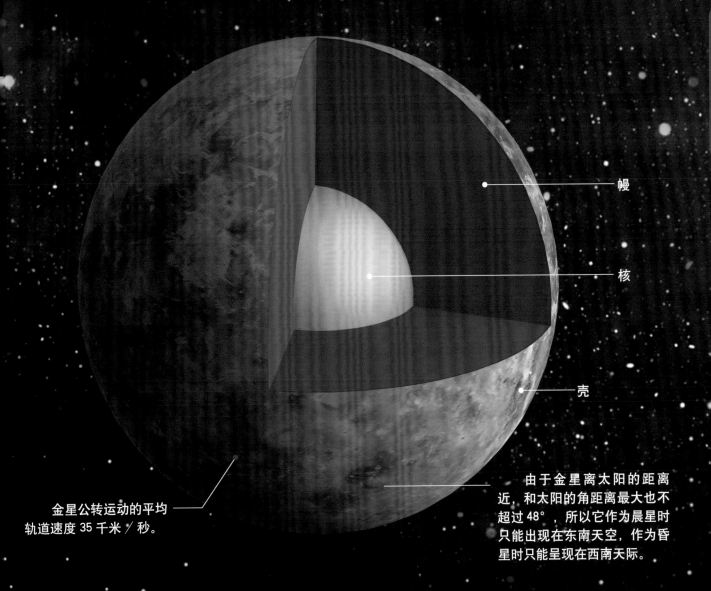

幔

核

壳

金星公转运动的平均
轨道速度 35 千米／秒。

由于金星离太阳的距离
近，和太阳的角距离最大也不
超过 48°，所以它作为晨星时
只能出现在东南天空，作为昏
星时只能呈现在西南天际。

金星有卫星吗

　　曾经，人们认为金星有一颗名为"尼斯"
的卫星，它是由法国天文学家乔凡尼·多美尼
科·卡西尼在1672年首次发现的。随后，天文学
家对"尼斯"的累计观测一直持续到1982年，但
结果表明"尼斯"实际上是在碰巧的时间段出现
在了恰好的位置上，它并不是金星的卫星。

金星的结构

　　尽管金星和我们的地球十分相像，但是它们又有着很大的不同。通常认为，金星形成后最初的10亿年分异，形成铁镍（niè）核。它的岩石圈很薄，下部为部分熔融的上幔及固态对流的下幔。金星的平均密度为5.24克/厘米^3，表面的重力加速度为8.87米/秒^2。

黑滴现象

　　在金星入凌和出凌时，有些观测者可能会发现所谓的黑滴。黑滴是金星凌日时人们看见的一种光学现象，它是在太阳和金星内切前后，一个仿佛黑色的小"泪滴"联结在金星的盘面和太阳的边缘之间。这种现象的成因是大气层的视宁度、光的衍射以及望远镜"极限分辨率"等多种作用造成的视轮边缘的模糊。

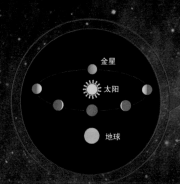

金星的相位变化

　　金星和月球一样，也具有周期性的相位变化，即圆缺变化。但是，尽管金星和地球的距离较近，依旧还是无法用肉眼看出来它的相位变化。伽利略在证明哥白尼的"日心说"时，金星的相位变化是当时十分有力的证据。

金星的内部结构

科学家推测金星的内部结构可能和地球相似，依地球的构造推测，金星可能有一个直径6000千米的铁质核，中间一层是主要由硅、氧、铁、镁等的化合物组成的幔。

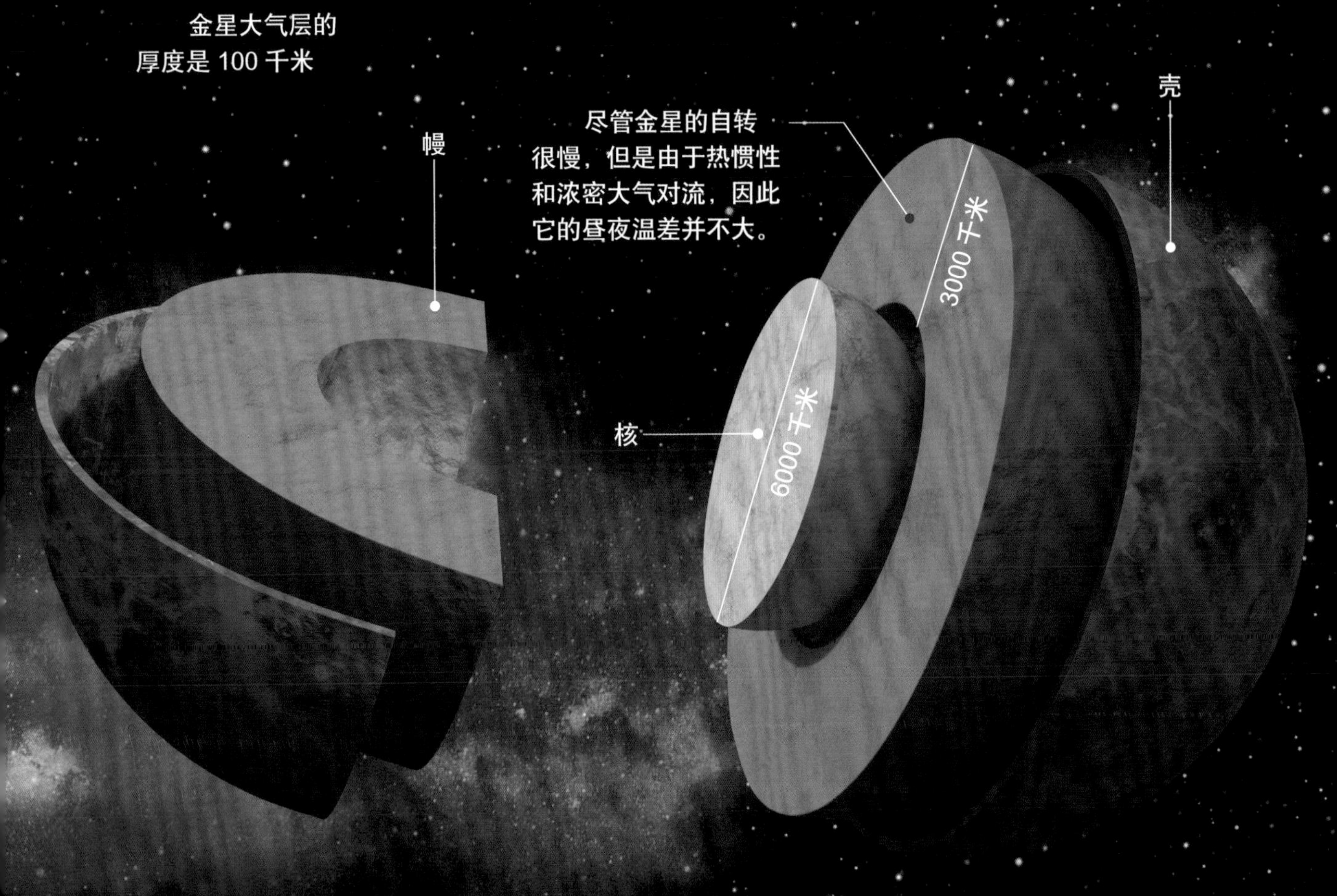

金星大气层的
厚度是 100 千米

幔

尽管金星的自转
很慢，但是由于热惯性
和浓密大气对流，因此
它的昼夜温差并不大。

壳

3000 千米

核

6000 千米

金星的地貌

金星周围有着浓密的大气和云层，人们要想"看穿"金星，只有借助望远镜才能做到。金星表面的温度约467℃，大气中二氧化碳最多，占到了97%以上，时常会降落巨大的具有腐蚀性的酸雨。金星的平均密度为5.24g/cm³，在地球和水星之后，排在第三位。金星的地貌是70%平原，20%高地，10%低地。金星表面大约90%是由不久之前才固化的玄武岩熔岩形成的，来自金星探测器的数据表明，金星的壳比原来所认为的更厚也更坚固，由此可以推测，金星没有像地球那样的可移动的板块构造。金星上大多数地区都很年轻，最古老的特征也只有8亿年的历史。

金星西半球地貌

金星表面十分干旱，因此金星上的岩石要比地球上的岩石更坚硬，从而形成了更陡峭的山脉和其他地貌。

金星的磁场

　　金星是八大行星中唯一没有磁场的一个，这可能是因为金星的自转不够快，金星核中的液态铁因切割磁感线而产生的磁场较弱造成的。正因如此，太阳风可以毫无缓冲地撞击金星的上层大气，太阳风的"攻击"让金星上层大气水蒸气分解为氢和氧。

金星东半球地貌

金星上的环形山都是一串串的，看起来是由于小行星在到达金星表面前，在大气中碎裂开来形成的。

地球的诞生

　　地球是太阳系八大行星之一，按照距离太阳由近及远的顺序排在第三位，它距离太阳约1.5亿千米。地球是名副其实的"老寿星"，大约在46亿年前，它就已经诞生了。地球是在太阳诞生之后诞生的，它起源于原始太阳星云，刚诞生的地球与现在的地球模样大不相同。地球就像一个不知疲倦的大陀螺，沿着自转轴自西向东不停地旋转着，它自转一圈的时间大约是24小时，为一天。同时它还要围绕着太阳公转，公转一圈的时间大约是365天，为一年。

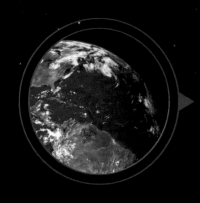

现在的地球

　　地球的演化过程是漫长而神奇的。最初，它是由岩石的碎片聚合而成的，现在，它是孕育生命的大家园。现在的地球，从太空上看呈蓝色，就像一个大水球，海洋面积约占71%。地球为人类等各种生物提供了生存环境，如我们生存所必需的空气、水等各种资源，都是地球赋予的。同时，地球的旋转让世界不再单调，它区分了白天和黑夜，有了春、夏、秋、冬的交替。

星球的起源

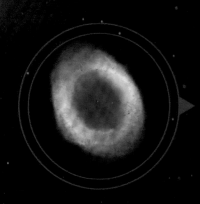

　　在大约46亿年前，太阳诞生了。新生的太阳周围被许多碎片、气体和尘埃环绕着，它们在一个圆盘状的轨道上不停旋转。这些尘埃和气体微粒相互碰撞，形成了体积更大的微粒，地球就是这其中的一分子。

火球阶段

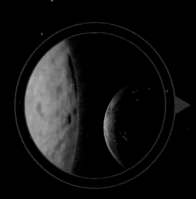

　　此时期地球拥有发生着氢原子核聚变的内核，它的表面与太阳有着相同的核聚变反应。地球的内核熔化了很多物质，形成了大面积的岩浆。在地球内核被撞击和挤压后，它的密度变大，引力变大，内核的能量也被成倍地释放出来，在这一阶段，地球完全成了一个"大火球"。

地球的结构

人们生活在地球表面，这里有河流山川、花草树木和各种风格迥异的建筑物。人们发明了各种交通工具，创造了不同地域的文化，使地球上的生活丰富多彩。地球得以承载万物，主要是因为它的内部能量非常巨大。地球的内部结构是三个同心圈层，这三个同心圈层的组成物质不同，它们按照由内到外的顺序依次被分化为地核、地幔、地壳。如果给地球内部结构做个生动形象的比喻，它就像一个鸡蛋，地核是最内部的蛋黄部分，地幔是中间的蛋白部分，地壳是最外面的蛋壳部分。

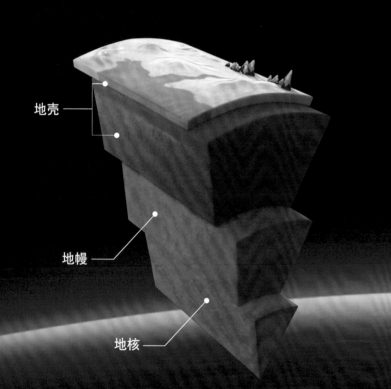

地壳

地幔

地核

地幔

地幔位于地壳和地核之间，厚度为2883千米。它又可分为上地幔和下地幔。上地幔顶部主要由橄榄石、辉石、石榴子石组成。下地幔的温度、压力和密度明显增大，内部物质是具有可塑性的固态。

地核

地核主要是由铁和镍及少量的硅、硫组成的，又分为内核和外核。科学家推测，内核可能是固态的，主要是由铁-镍合金组成的，可能是在强烈高压下结晶的固体。而外核可能是液态的，主要是由铁和镍组成的。

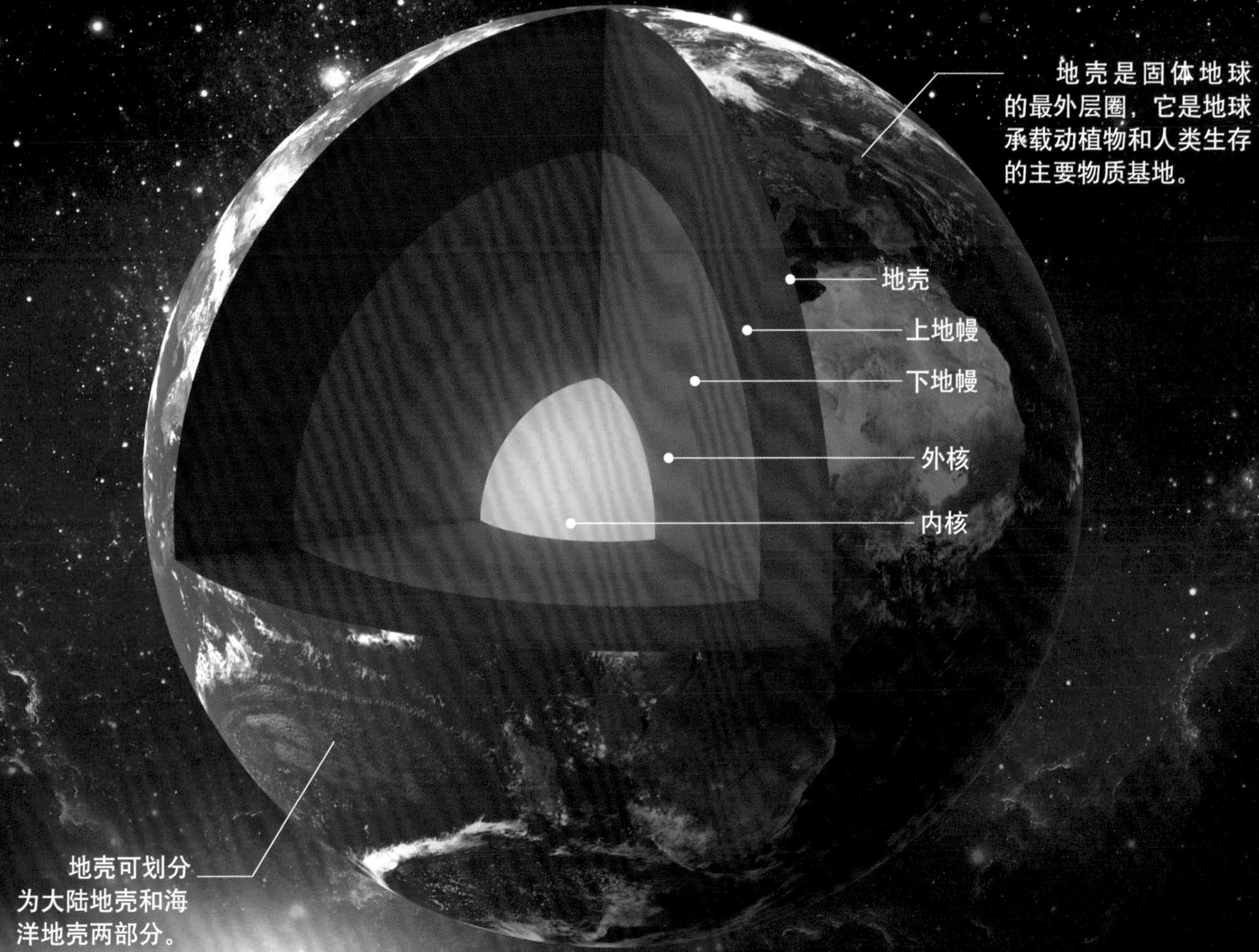

地壳是固体地球
的最外层圈，它是地球
承载动植物和人类生存
的主要物质基地。

地壳

上地幔

下地幔

外核

内核

地壳可划分
为大陆地壳和海
洋地壳两部分。

地壳

　　地壳是指地球表面以下、莫霍面以上的固体外壳。地壳的厚度不均匀，它的变化规律是：地球大范围固体表面海拔越高，地壳越厚；海拔越低，地壳越薄。高山、平原地区地壳厚度较大，海洋区域地壳厚度较小，大约只是高山地区地壳厚度的1/10。地壳的组成物质除了沉积岩外，基本上都是花岗岩、玄武岩等。

地球外部圈层

　　地球以软流圈为界被分为内部和外部。地球的外部圈层可分为大气圈、水圈、岩石圈和生物圈四个部分，这些圈层围绕地球表面各自形成一个封闭的体系，它们有着各自的特点和表现形式，但又相互关联、相互影响、相互作用，共同促进地球外部的演化。

　　人类和其他有生命的群体生活在地球的外部圈层，外部圈层提供了生命生存的必要物质条件。地球外部的四大圈层是一个和谐的整体，它们之间的关系密切，有着广泛的物质能量的交换和传输，形成了各种自然现象和自然景观。

大气圈

　　大气圈又称"大气层"，是因重力关系而围绕地球的一层混合气体，它包围着海洋和陆地，是地球最外部的气体圈层。大气圈的气体主要有氮（dàn）气、氧气、氩（yà）气，还有少量的二氧化碳和微量气体，这些混合的气体就是空气。大气圈按照从低到高的次序分为对流层、平流层、中间层、热层和外逸层。大气圈的最底层是对流层，距离地球表面最近。对流层中的大气受地球影响较大，云、雾、雨等现象都是在这一层发生的，水蒸气也几乎都在这一层存在。

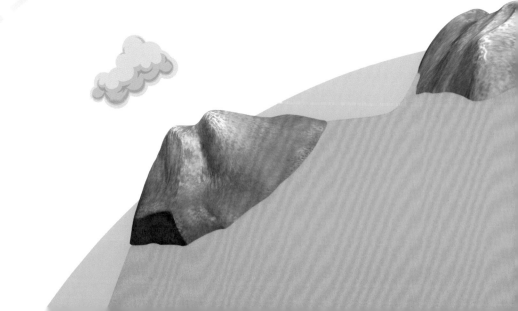

岩石圈

　　岩石圈存在的基础是三大类岩石：岩浆岩、变质岩和沉积岩。岩石圈的物质循环过程表现在地表形态的塑造上。现在我们看到的山脉、盆地、流水、冰川、风成地貌等，都是岩石圈的物质循环在地表留下的痕迹。岩石圈中有丰富的矿物资源，这些矿物既是构成地壳岩石的物质基础，也是人类生产和生活资料的重要来源。

生物圈

　　生物圈是地球特有的圈层，也是地球上最大的生态系统，它指的是地球上有生命活动影响的地区，是地球上所有生物与其环境的总和。生物圈是一个生命物质与非生命物质自我调节的系统，它的形成是生物界与大气圈、水圈及岩石圈长期相互作用的结果。

水圈

　　水圈是地球外部结构中最活跃的一个圈层，也是一个连续不规则的圈层。水圈是指存在于地球表层和大气层中各种形态的水，包括液态、气态和固态的水。水是地球表面分布最广的物质，具有十分重要的作用，它是人类和动植物生存的必要条件之一。

月球

　　在太阳系"大家族"之中，有许许多多的"小家族"，这些"小家族"的规模不同，有些比较"庞大"，有些则相对"微小"。我们的地球除了是太阳系中的唯一有生命存在的行星以外，也是一个"小家族"的成员。地球与月球构成了一个天体系统，称为地月系。月球就是我们俗称的月亮，在我国古代又称"太阴""婵娟""玉盘"等，它是地球的卫星。月球在每天夜晚"挂"在天空，它明亮的光芒让大地看上去仿佛笼罩了一层轻柔的薄纱。但是它又不像太阳的光芒那样强劲，它的光芒很柔和，即使人们目不转睛地盯着看，也不会有刺眼的感觉。我们从地球上观测，感觉月球好像和太阳一样大，但那只是"近大远小"的原理。

月球本身会发光吗

　　俗话说"眼见为实"，我们看到的月球是"发光"的，但是其实月球本身是不发光的。我们看见月球发出的"光"并不是来自月球本身，而是它反射的太阳光，当太阳的光照到月球上时，它就像一面巨大的圆镜。

月食的类型

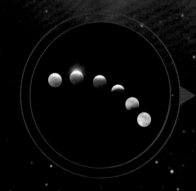

月全食　　　　　月偏食　　　　　半影月食

　　月食可分为月全食、月偏食及半影月食三种。当月球整个都进入地球本影时，就会发生月全食；但如果只是一部分进入地球本影时，则只会发生月偏食；若月球进入地球的半影，这就称为半影月食。

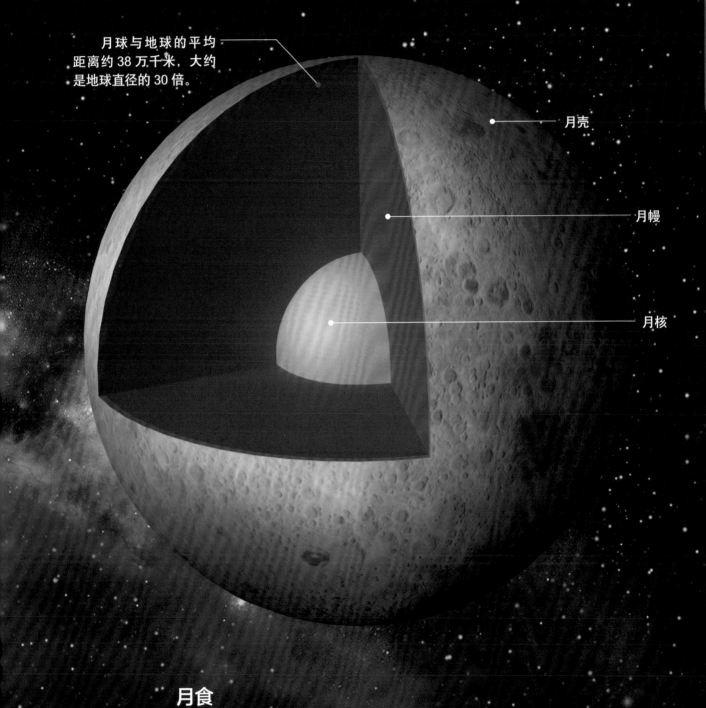

月球与地球的平均距离约 38 万千米，大约是地球直径的 30 倍。

月壳

月幔

月核

月食

月食是一种特殊的天文现象，是指当月球行至地球的阴影后面时，太阳光被地球遮住。这时的太阳、地球、月球恰好或几乎在同一条直线上，因此照射到月球的太阳光线被地球所掩盖。这种情况下，我们看到的月球好像是缺了一块。

月球的结构

　　说到月球的"好朋友"，人们通常首先想到的就是太阳，的确，它们是一对忠诚的"使者"，分别在黑夜和白天给人们带来光亮。但其实，月球和地球的关系更"亲密"一些。月球是地球唯一的卫星（天然卫星），那么它们的结构是不是也一样呢？月球的结构与地球结构一样，是由月壳、月幔、月核等分层结构组成。

月球的亮度

　　月球亮度随日月间距和地月间距的改变而变化，满月时的视亮度为-12.7星等，比金星最亮时还亮2000倍。月球的反照率是12%，比地球的37%小很多，但因离地球近，所以成为地球夜空中最亮的天体。

月球与地震有关系吗

　　月球和地震真的有关系吗？近百年来科学家们一直为这个问题所困扰。如今，科学家经研究证实：月球引力影响海水的潮汐，在地壳发生异常变化积蓄大量能量之际，月球引力很可能是地球板块间发生地震的导火索。月球引力虽然只是导致地震发生因素的1‰，但是它的影响却不容小觑。

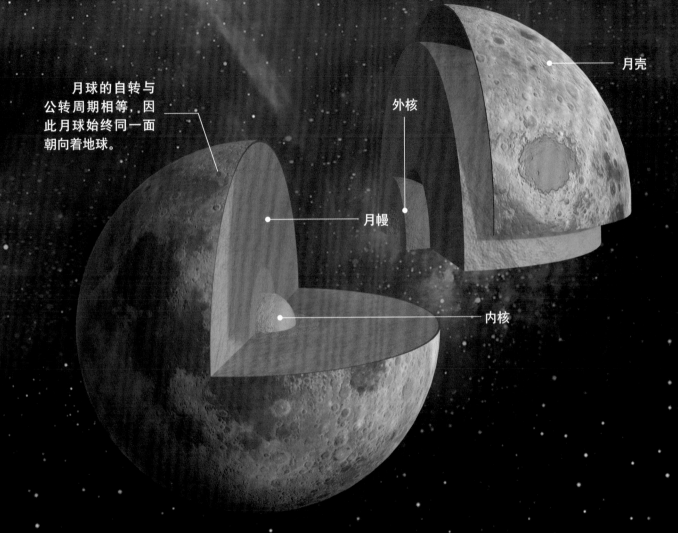

月球的自转与公转周期相等，因此月球始终同一面朝向着地球。

月壳

外核

月幔

内核

月幔
外核
内核

月壳、月幔、月核

月球和地球一样，由月壳、月幔、月核等分层结构。最外层结构是月壳，然后是月幔。月幔下面就是月核，月核温度约1000℃。

月球的背面

　　你知道吗？尽管月球是一个球体，尽管它也在运动，但是我们能看见的几乎始终都是月球的正面。而它似乎很调皮，总是把它的背面藏起来，你知道为什么会这样吗？这是因为，月球在绕着地球运动的同时也在进行自转，它的自转周期是27.32日，正好是一个恒星月，所以我们看不见月球的背面，我们称这种现象为"同步自转"或"潮汐锁定"，这种现象也几乎是太阳系卫星世界的普遍规律。但我们并不是永远看不见月球的背面，天平动是一种奇妙的天象，我们能通过它看见月球的背面，但是只能看到一部分。我们现在关于月球背面的了解，是来自人们发射的探测器的反馈。

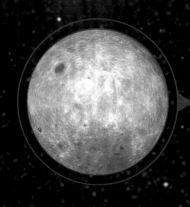

密集的陨石坑

　　月球背面的景象与月球正面的景象截然不同，在月球背面，由于受到无数次的撞击，因此密集地分布着大小不等的陨石坑。只有极少部分，约为2.5%的面积被"海"覆盖着，这与月球正面"海"的覆盖率相比差了10多倍。

月球背面的探测

　　2018年12月8日，中国航天重大工程"嫦娥"4号探测器发射升空，首次实现了地球与月球背面的测控通信，堪称人类历史上的又一次壮举。并且通过"嫦娥"4号探测器就位光谱探测数据，发现并证明月球背面南极－艾特肯盆地（SPA）存在以橄榄石和低钙辉石为主的月球深部物质。

我们通过天平动现象看到月球背面的原因是：自转速度和轨道速度的不均匀性，以及月球赤道和公转轨道倾角的存在等因素，致使地球上的观测者能看出月面边缘的前后摆动，因而能看到的月球表面达 59%。

月球与其他卫星不同的是，月球的轨道平面更接近黄道面，而不是地球的赤道面附近。

月球上的"海"

　　月球表面的区域有明亮的部分和阴暗的区域，比较亮的是高地，而较为阴暗的是平原或盆地，它们在月球上的名称是"月陆"和"月海"。早期天文学家观测月球时，以为阴暗的区域有海水覆盖，因此把它们称为"海"，这个"海"与地球上的"海"截然不同，月球上的"海"并不是有海水的"海"，著名的月海有云海、湿海、静海等。月海是月球表面的主要地形单元，总面积约占全月球面的25%。目前已知的月海有22个，绝大多数分布在月球的正面，正面的月海约占半球面积的一半。而月球背面只有东海、莫斯科海和智海三个，并且面积很小，只占半球面积的2.5%。

月海是怎样形成的

　　关于这个问题存在两种观点，一种观点认为在大约39亿年前，月球曾遭受小天体的撞击，形成广泛分布的月海盆地，此事件被称为雨海事件；另一种观点认为月球发生多次玄武岩喷发事件，大量玄武岩填充形成月海，被称为月海泛滥事件。

由于月面的反照率比较低，因而月海的部分看上去显得比较黑。

月海重要的资源

　　填充了月海的玄武岩犹如一个巨大的钛铁矿的储存库，据专家计算，共有约体积为106万立方千米的玄武岩分布在月海平原或月海盆地上。钛铁矿的应用十分重要，它不仅是生产金属铁、钛的原料，也是生产火箭燃料的液氧的主要原料。但目前对月海玄武岩厚度的探测程度较低，影响了月海玄武岩总体积的计算精度，进而影响了钛铁矿开发利用前景评估的可靠性。

月球的诞生

　　月球与地球有着千丝万缕的关系，作为地球唯一的卫星，月球自诞生40多亿年来，始终"陪伴"在地球的身边，是地球最忠实的"朋友"，因此月球的"身世"自然是人们比较关心的问题。每一个天体都有它自身的形成、发展和衰老的演化过程，而研究月球的起源与演化，对了解太阳星云的成分、分馏、凝聚与吸积过程和类地行星的形成与演化以及地月系统的形成与演化等方面都具有重要的意义。关于月球的起源，人们的看法和观点有很多种，其中比较著名的几种被人们归纳为月球起源的著名假说。

碰撞成因说

　　碰撞成因说也被称为"大碰撞分裂说"，这种假说认为，地球早期受到一个火星大小的天体撞击，两者撞击的碎片最终形成月球。这种假说可以合理地解释地月系统的基本特征，如月球轨道面与地球赤道面不一致等现象。因此，它是当今较为合理和成熟的月球起源假说。

月球内部的物质通过熔融、重力调整，逐渐形成月核、月幔和月壳的结构。

共振潮汐分裂说

共振潮汐分裂说是关于月球起源的著名假说之一，这种假说的观点认为月球是从地球中分裂出来的。支持这一假说的科学家认为，在地球形成的早期，由于潮汐共振作用，地球自转不稳定。而地球飞快地转动导致初期的熔融物质被甩出去一部分，这就是月球。但是地球和月球地质不同，因此，现在大部分科学家已经摒弃了这种观点。

月有阴晴圆缺

　　月球一直是一个美好的意象，而那句"人有悲欢离合，月有阴晴圆缺"更是家喻户晓的名句。在人们眼中，圆月象征着圆满、团圆，在中秋节的时候，月球更是引人关注的主角，人们还要吃月饼、赏月来庆祝团圆。但是，月球并不是一成不变的，它每天在天空中自西向东移动的时候，形状也随之不断变化，这种变化的现象就是月球的相位变化，叫作月相。月球为什么会有阴晴圆缺的变化呢？那是因为月球本身不发光，它的光是把太阳照在自身的光芒反射出来的，在这种情况下，地球上的观测者看到的是太阳、月球和地球三者相对位置的变化，因此在不同日期月球呈现的形状是不同的。

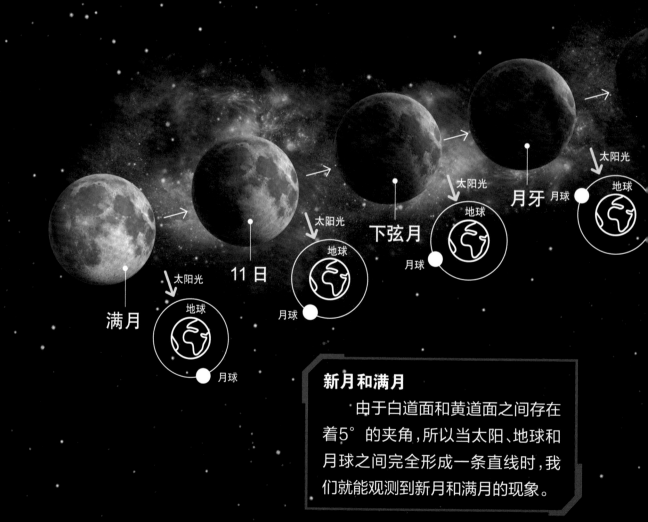

满月　太阳光　地球　月球
11日　太阳光　地球　月球
下弦月　太阳光　地球　月球
月牙　月球　太阳光　地球

新月和满月
　　由于白道面和黄道面之间存在着5°的夹角，所以当太阳、地球和月球之间完全形成一条直线时，我们就能观测到新月和满月的现象。

月相

　　在天文学中，月相是对于在地球上看到的月球被太阳照明部分的称呼。月球绕着地球运动，太阳、地球、月球三者的相对位置在一个月中有规律地变动。月相变化不同于月食，它不是由于地球遮住太阳造成的，而是由于我们只能看到月球上被太阳光照到的那一部分造成的，而其阴影部分就是月球自己的阴暗面。

月球 1 ~ 9 的月相形状变化是从地球的角度观测的。

月球的不同形状

　　月球形状变化与它和太阳的黄经差有关。每月的农历初一，日月黄经差为0°，这时月球位于地球和太阳之间，在地面上无法看见。而到了农历初七和初八，黄经差为90°，这时正好有一半月球能看到，称为上弦月。到农历十五、十六，黄经差为180°，我们看到的就是一轮圆月，称为满月。当黄经差为270°时，半月只在下半夜能看见，称为下弦月。

自古以来，月亮不仅是文人墨客笔下的抒情意象，也是人们向往美好的情感寄托，而我国自古就有"嫦娥奔月"的故事，人们对于这个地球的"好伙伴"始终充满了兴趣。但是，即使月球是地球的卫星，要想用肉眼仔细地观测它也是一件十分困难的事情。起初，人们用望远镜观测月球，收到的成果比肉眼观测的好很多，但是月球总是一个面朝着地球，而它的背面，一直是人们探测不到的地带。现在，人类社会不断进步，科学不断发展，随着各种探测器被发射升空，人们对宇宙的认识越来越多了。通过探测器的探测，我们能清晰地看到月球表面的景象，甚至月球一直不肯"暴露"的背面也被我们探测到了。

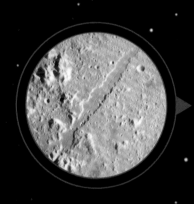

载人登月

人们登陆的第一个除了地球以外的天体就是月球，从1959年起，苏联和美国就开始发射探测器对月球探测。1969年美国的"阿波罗"11号首次成功实现了载人登月，之后"阿波罗"12号、"阿波罗"14号、"阿波罗"15号、"阿波罗"16号和"阿波罗"17号相继实现载人登月。

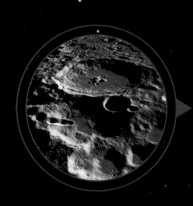

月球上的"山脉"

在月球上，除了大小不一、密集分布的撞击坑以外，还有一些与地球相似的山脉，而且这些山脉常借用地球上的山脉名称命名，如阿尔卑斯山脉、高加索山脉等。月球上最长的山脉是亚平宁山脉，但高度并不是很出众。月球上山脉的普遍特征是两边的坡度很不对称，向"海"的一边坡度极大。

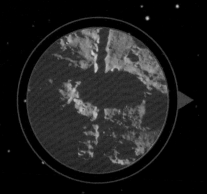

月谷

　　月球表面上也有许多像地球上东非大裂谷那样弯弯曲曲的黑色大裂缝的山谷，它们被称为"月谷"，有些月谷能延绵到上千千米，宽度从几千米到几十千米不等。

环形山

我们观测到月球表面有许许多多大小不等的圆形凹坑，人们把这些凹坑称为"月坑"，大多数月坑的周围都环绕着高出月面的环形山，在月球的背面，环形山数量多于月球正面。一些比较"年轻"的环形山还有美丽的辐射纹，这是一种以环形山为辐射点向四面八方延伸的光亮的带。辐射纹的长度和亮度不一，最著名的就是第谷环形山的辐射纹，它非常引人注意，最长的一条长1800千米，在满月时极其壮观。环形山中间有一个陷落的深坑，四周直立着高耸的岩石，它们不仅是月球表面一道独具特色的风景线，也会向人们"透露"一些关于月球的"秘密"，人们通过对环形山的研究能推测月球的"经历"。

最大的环形山

月球上最大的环形山是月球的南极附近的贝利环形山，直径达295千米。

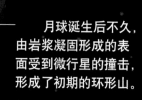

月球诞生后不久，由岩浆凝固形成的表面受到微行星的撞击，形成了初期的环形山。

由于微行星等的撞击，布满了环形山的月球表面逐渐开始冷却。

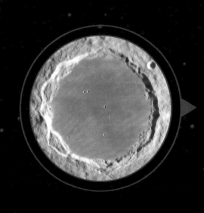

环形山的形成

　　环形山是怎样形成的呢？对于这一问题，比较科学的解释有两种。其中一种解释认为，月球刚形成不久后，内部的高热熔岩与气体冲破表层，就像地球上火山喷发一样喷射而出，堆积在喷口外部的熔岩就形成了环形山。还有一种解释认为，流星体或陨石撞击月球时，四周溅出的岩石与泥土形成了一圈又一圈的环形山。

环形山有什么特征

　　月球表面最显著的特征就是环形山，它们几乎布满了整个月球表面。环形山近似于圆形，与地球上火山口的地形很相似。环形山中间的地势低平，内侧偏陡，外侧较缓。环形山的大小差异很大。

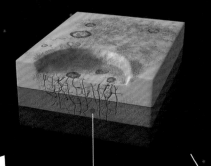

历经 10 亿年左右，岩浆沿着凝固了的环形山内部裂缝从地下涌了出来。

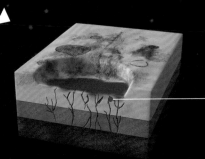

溢出来的岩浆，填埋了环形山的底部，在环形山中又形成了平坦的月海。

火星

　　地球有两个距离较近的邻居，我们已经知道"住"在地球前面的是金星，那么"住"在地球后面的邻居是谁呢？它就是火星，是太阳系从内往外数，排在第四位的行星。当火星距离地球最近的时候也要在5000万千米以上，而火星距离地球最远的时候，它们之间的距离则约有4亿千米。通常情况下，火星和地球距离较近时是最适合在地球表面观测火星和登陆火星的时机。

火星的卫星

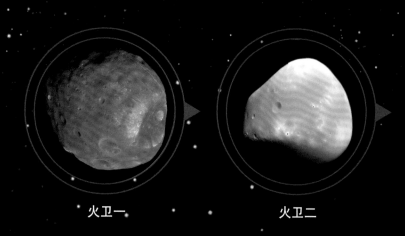

火卫一　　　　火卫二

　　火星有两颗卫星，人们根据它们的大小分别把它们叫作火卫一和火卫二。火卫一的体积较大，距离火星很近，它和火星的距离是太阳系所有的卫星与其主星间距离最近的。火卫二的体积，相比于火卫一小了很多。

认识火星

　　火星的赤道半径是3396千米，为地球的53%。体积是地球的15%，质量是地球的11%。火星是一颗类地行星，它的赤道与公转轨道的倾角为25.19°，和地球的黄赤交角近似，所以火星也有类似地球的四季现象。

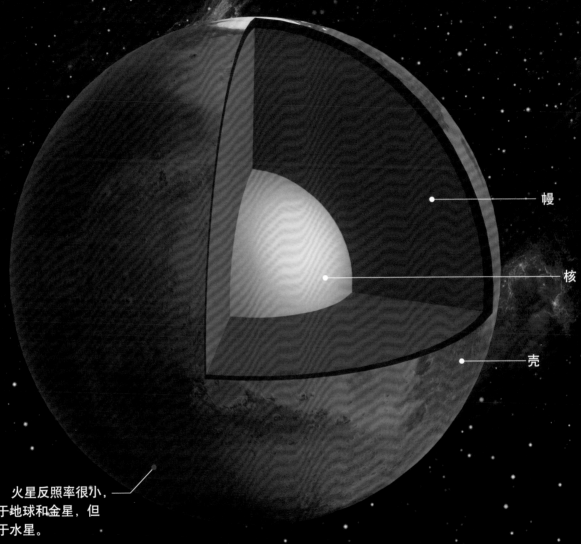

幔

核

壳

火星反照率很小，
低于地球和金星，但
高于水星。

火星的四季

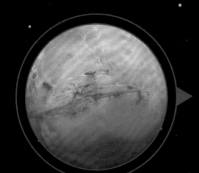

　　火星上面也有四季，只是它的每个季节的长度要比地球
的长出约1倍。火星上的各季节的长度不一致，而且它的远
日点接近北半球夏至，所以火星上北半球的春、夏各比秋、
冬长约40天。

火星的结构

在太阳系中，人们对火星的关注似乎更多一些，这并不仅因为火星是我们的"邻居"，还因为火星上有让我们"感兴趣"的东西。尽管火星比地球小了很多，但是它却在很多方面都与地球有着相似之处，人们对于火星的好奇，不只局限于它的表面，更想探求它的内部构造。人们对火星表面进行了探测，发现火星和地球非常相似。地球是孕育生命的家园，那么火星上是不是也一样有生命的存在呢？

火星上有水存在吗

火星上到底有没有水？这一直是人们极为关心的问题，为此人们也做了很多的探测研究。2015年，科学家研究发现，火星上不仅有位于火星两极、已凝结成冰的水，还有在暖季才会出现地流动着的液态水。在火星上发现水的存在具有重大的意义，科学家随后的目标就是在火星上寻找生命的存在。

火星的地质结构

火星也和地球同样有壳、幔和核（内核、外核）。壳平均厚度40～150千米，含硅、铝和镁。火星幔厚度1500～2100千米，比地球厚。内核半径1300～2000千米，主要成分可能是硫化铁。

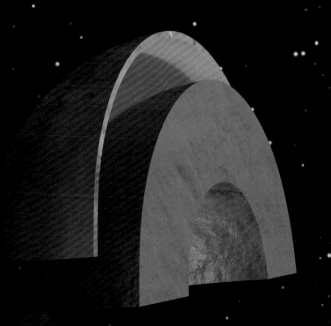

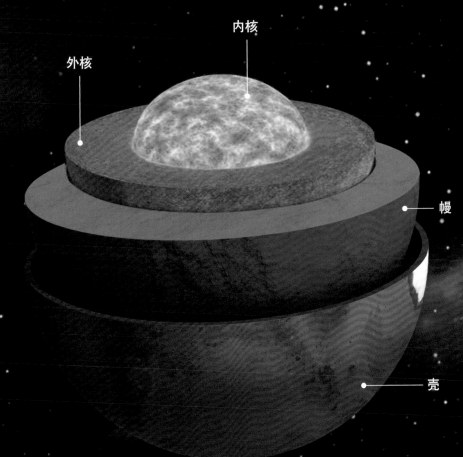

内核

外核

幔

壳

火星的地貌

　　尽管火星比地球小很多，但是在众多行星中，它和地球的相似之处还是比较多的。两者的地貌就有一些相似之处，不过与地球比起来，火星又有它自身独特的地方。

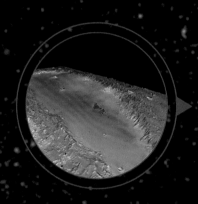

火星表面的"伤疤"

　　火星的赤道附近，表面上有一道"伤疤"，那其实是一个狭长的陨坑地形。它位于火星东半球的两座火山之间。科学家认为，这个陨坑应该是此区域遭受了小行星的倾斜碰撞，一颗小行星以极小的角度划过火星表面所致。

火星的环形山

　　火星的南半球遍布古老的高低环形山，而北半球则是较为年轻的熔岩平原。火星最大的五个环形山都是火山起源而非陨击坑。奥林波斯火山是太阳系天体上第一大的环形山，高27千米，直径550千米。

奥林波斯火山

火星与其他固态行
星相比，密度较低，这
表明了火星核中的铁可
能带有比较多的硫。

惠更斯环形山

太·阳·系

77

木星

　　说到太阳系家族中"身体"最"健壮"的兄长，那一定非木星莫属了，它在行星之中是个"保护伞"的形象，保护着身边的"兄弟姐妹"。之所以这样说，是因为木星是太阳系中体积最大的行星，它是距离太阳从近到远的第五颗行星，由于自转快速而呈现扁球体。木星是一个气态的行星，它的大气中氢和氦的比例很接近原始太阳星云的理论组成。木星表面有红色、褐色、白色等条纹图案，可以据此推断木星大气中的风向是平行于赤道方向的，因区域的不同而西风和东风交替吹，这是木星大气的一个明显的特征。

巨大的木星

　　木星在太阳系"大家族"中有着重要的地位，它是太阳系八大行星中体积最大的行星，赤道半径为71492千米，约为地球的11.2倍。质量是地球的318倍，超过除太阳外的太阳系其他天体质量的总和。虽然木星的体积很巨大，但是它的平均密度却很低。

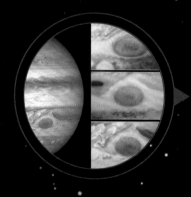

木星的大红斑

　　木星上有一块会动的"大红斑"，它艳丽的红色让人过目不忘，那是一团激烈上升的气流，呈深褐色。大红斑的宽度相当恒定，约有14000千米，但长度在几年内就能从30000千米变到40000千米。

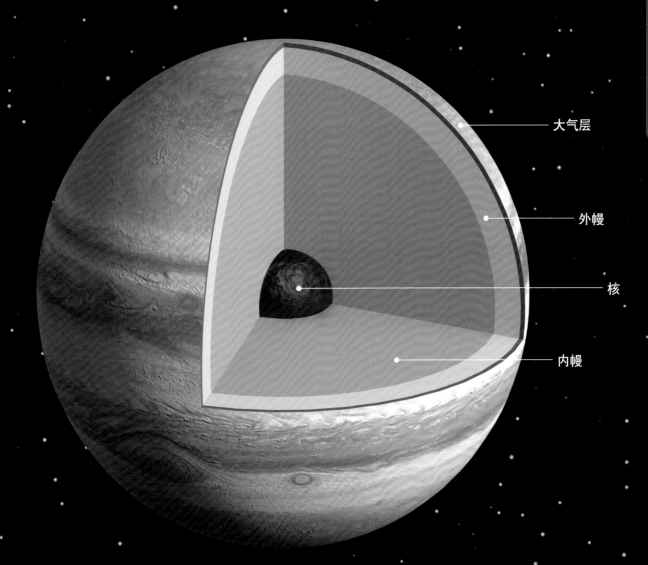

大气层

外幔

核

内幔

木星的大气

    木星的大气厚达1000千米，但和巨大的体积相比，仍只能算是薄层。大气中氢占89%、氦占11%，还有极少的甲烷（wán）。

木星的结构

　　木星不仅是太阳系"家族"中体积最大的一个，同时它还是一个类木行星（又称气态巨行星）。木星并不像我们生活中常见的"气球"那样是中空的，也不是完全由气体组成的一个星球，它有岩石或金属的核心，但是并不以岩石或其他固体为主要成分。木星和太阳的成分很相似，但是它却并没有像太阳那样燃烧起来，主要是因为木星的质量太小了。不过，有些科学家猜测再经过几十亿年之后，木星的身份将会改变，它会从行星变成恒星。

类木行星

　　类木行星体积比其他的类地行星要大，例如木星、土星、天王星、海王星四颗行星。这类行星的共同特点是石质和铁质只占极小的比例，半径和质量大出地球很多，而密度却较低。

平均距离

　　木星到太阳的平均距离是7亿7800万千米，木星围绕太阳公转一周要11.8地球年。

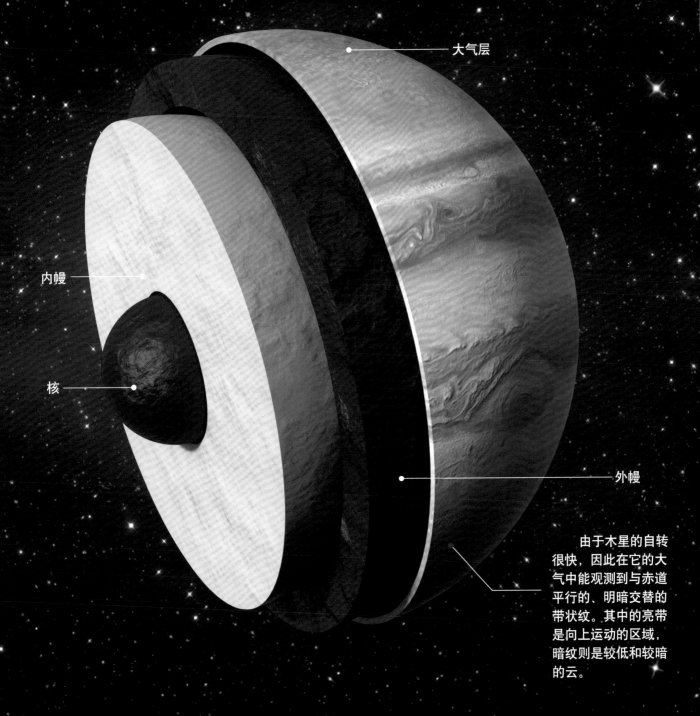

大气层

内幔

核

外幔

由于木星的自转很快，因此在它的大气中能观测到与赤道平行的、明暗交替的带状纹。其中的亮带是向上运动的区域，暗纹则是较低和较暗的云。

木星的地貌

　　当人们观测木星的时候，除了感叹它的体积巨大、气势壮观之外，往往还会被它表面的"风景"所吸引。木星不仅要在太阳系中充当一个"兄长"的角色，它同时还要照顾自己的"家庭"。木星没有像类地行星那样的固态的表面，但是它外围的大气能持续运动的时间相当长，并且经常以各种变换的"姿态"来显示自己独特的一面。木星的表面看上去是"海洋"，但并不像是地球上的海洋那样，这个"海洋"只是它的大气中氢气和氦气在高压下形成的液体，而且，越往大气云层之下，压力越大。在木星内部的压强下，氢气呈液态而非气态，同时，这一层可能也含有一些氦和微量的冰。

木星表面的纹路

　　木星表面的纹路美丽又壮观，这些纹路是由气体和云层交织而产生的，它们就像晕染开的水彩画一样，有明有暗。

木星有光环吗

　　木星的"身体"被一层光环所笼罩，这层光环是由许多颗粒状的岩石质材料所组成的，并不是很明亮。目前，根据科学家的研究已知木星的环系主要由亮环、暗环和尘环三部分组成。尽管木星的体积是最大的，但是它的光环却是又窄又薄的。

木星的光环离木星很近，围绕木星旋转的周期是 7 小时。

木星的卫星

　　太阳系的行星中，木星除了最大以外，它也是非常"富有"的一个，这主要表现在它的卫星数量上。如果说其他行星的卫星是一个"家庭"的话，那么木星的卫星就可以用一个"家族"来形容，到21世纪初，已发现木星的卫星有63颗。人们能够发现木星的卫星，主要得益于望远镜的发明。当1609年，伽利略第一次见到望远镜的时候，他很快就意识到要想更好地观测太空中的奥秘就需要高倍的望远镜，于是在1610年，他制造出了一台33倍的望远镜。

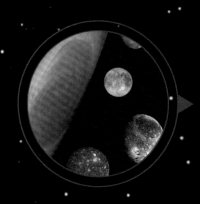

木星卫星的特性

　　木星卫星的物理和轨道特性差异很大，其中木卫三比水星还大。木卫四和木卫一虽然没有水星大，但是都比月球大。木卫二的表面是一层冰水圈，或许有某种形态的生命。

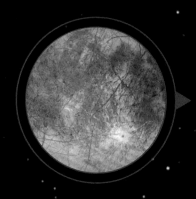

卫星的形成

　　人们认为木星的规则卫星是由类似原行星盘的气体及固体环形碎片盘形成的。根据模拟显示，每一代卫星都因为盘的阻力而渐渐堕入木星，而从太阳捕捉来的碎片则再形成新一代的卫星。

木星的卫星分群

　　木星的卫星数量如此之多，人们根据它们距离木星由近及远的顺序将它们分为三个群：最靠近木星的群是木卫五和四个伽利略卫星，它们顺行，属于规则卫星。其余的卫星都是不规则卫星，又可分为两群，其中木卫十三、木卫六等顺行，分为一群；而离木星最远的木卫十二、木卫十一等逆行，分为一群。

木星的卫星很多，但是每一颗卫星都有自己独特的地方，没有完全一样的卫星。

木卫三

人们认为，木星外圈的不规则卫星是被捕获的路过的小行星。

木卫四

木卫一

木卫二

土星

在"兄长"木星之后，我们看到的便是太阳系第二大行星——土星，它是一颗类木行星。土星有一个十分显著的行星环，人们用望远镜就能观测到这个"光环"，这个"光环"的主要成分是冰的微粒和较少数的岩石残骸以及尘土。土星的风速高达1800千米/时，明显快于木星上的风速。天空中的各种天体，经常会给人们带来意料之外的惊喜，在2016年出现的罕见三星一线的天文现象就是最好的例子之一；当天土星、火星和天蝎座最亮的恒星"心宿二"，三者连成一条直线，景象十分壮观。

大白斑

土星赤道带附近经常有云气旋，名为大白斑，长度约5000千米，小于木星的大红斑。

认识土星

土星是类木行星，根据距离太阳由近及远的顺序土星排在第六位，体积仅次于木星。土星赤道半径60268千米，约为地球的9.4倍。质量约为地球的95倍。土星由于自转速率快，沿赤道带得见条带状云系。

表层大气
　　土星表层大气在赤道附近的运动速度比其在极点附近的运动速度快。

土星北极存在一个六边形漩涡像土星大气层中可见的其他云彩一样，在经度上没有移动，但多数天文学家认为六边形也许是一种新形态的极光。

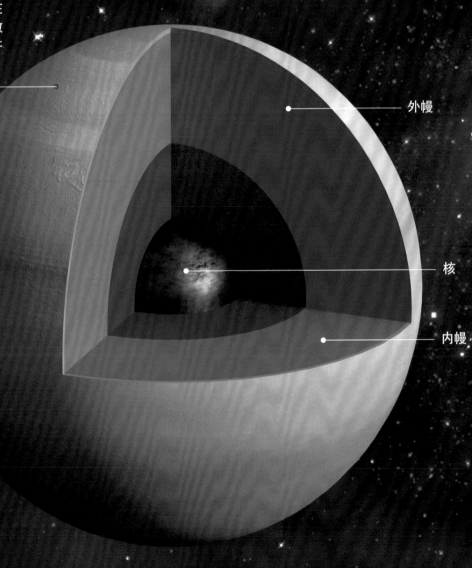

外幔

核

内幔

由于磁场强度远比木星的微弱，因此土星的磁层仅延伸至土卫六的轨道之外。

土星的结构

  土星是一个高调中带着神秘的角色，在古代的时候，它就引起了人们的注意。它的外表和光环是美丽的，而它的内在却是"深藏不露"的，人们能从资料中找到的关于土星的结构组成的资料也是少之又少的。土星上层的云由氨的冰晶组成，而较低的云层则由硫化氢胺或水组成。土星的上层大气与木星相似，都有一些条纹，但是土星的条纹比较暗淡。从底部延展至大约10千米高处，是由水冰构成的层次，温度大约是-23℃。在云层之上200～270千米是可以看见的云层顶端，是由数层氢和氦构成的大气层。

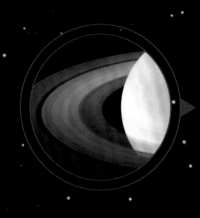

古代对土星的观测

  在史前时代，人们就已经知道土星的存在，在古代，它是除了地球之外的已知五颗行星之中最远的一颗，最吸引人们的地方，莫过于它那毫不掩饰的美丽的行星环。其实，使用口径1.5厘米的普通望远镜就能看见土星环，但是直到1610年伽利略使用望远镜观测它以后，人们才知道它的存在。

土星大气层

  土星最外层的大气层从外观上看，通常情况下都是平淡的，虽然有时也会出现长时间存在的特征。土星大气层主要由氢和氦构成，还可以探测到少量的氨（ān）、乙烷、磷化氢和甲烷等气体的存在。

内部构造

虽然只有极少量的直接资料表明，但人们仍然认为土星的内部结构与木星相似，它也有一个被氢和氦包围着的小核心。它的岩石核心构成与地球相似，但是密度比地球更大。在土星的核心上面，有厚重的液体金属氢层，之后是数层的液态氢和氦层。土星的内部非常热，核心温度高达11700℃。

现代观点

土星在形成时，起先是土物质和冰物质的积吸，之后是气体积聚，因此它有一个直径约3万千米的岩石核心。

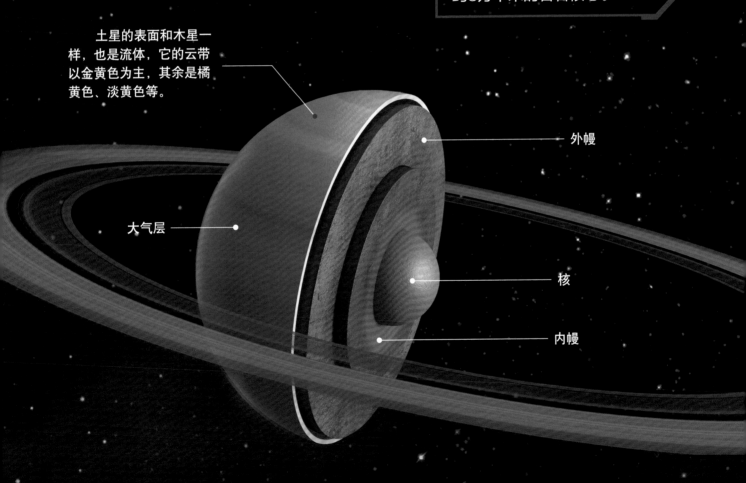

土星的表面和木星一样，也是流体，它的云带以金黄色为主，其余是橘黄色、淡黄色等。

外幔

大气层

核

内幔

土星的光环

　　你也许会在电视上或者书上看到太阳系中的各个行星，但是你发现了吗？四个类木行星外观看上去与类地行星最显著的区别就是它们都像戴了一顶大草帽。这个草帽是什么呢？那其实是行星的光环，而在四颗戴着光环的行星中，土星的光环是最壮观和奇丽的，土星戴着的光环曾被认为是不可思议的奇迹。土星从轨道的一侧转到另一侧需要14年多的时间，而它的光环在这段时间也在逐渐从最下方移向最上方。当"行至半路"的时候，光环恰好移动到中间位置，这时我们看到光环两面的边缘连接在一起，就像"一条线"一样，但是由于土星环很薄，所以当出现一条线的时候，光环就好像消失了一样。

土星的光环

　　你知道土星有几个光环吗？在空间探测前，人们从地面观测得知土星有5个光环，其中三个主环是A环、B环和C环，和两个暗环D环、E环。在1979年9月，"先驱者"11号又探测到两个新环——F环和G环。光环之间还有环缝，是因为光环中有卫星运行，由卫星的引力造成的。

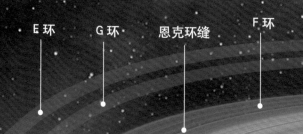

E环　　G环　　恩克环缝　　F环

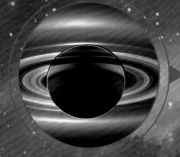

土星光环被发现

　　1610年天文学家伽利略在观测土星的球状本体的时候，发现土星"身边"有奇怪的附属物。到了1659年，荷兰学者惠更斯证实了那奇怪的附属物是离开本体的光环。1675年天文学家卡西尼发现土星环中间有一条暗缝，他猜测光环是由无数小颗粒构成的。

土星的四季

　　土星也有四季，只是每一季的时间长达7年多，因为距离太阳遥远，夏季也是极其寒冷的。

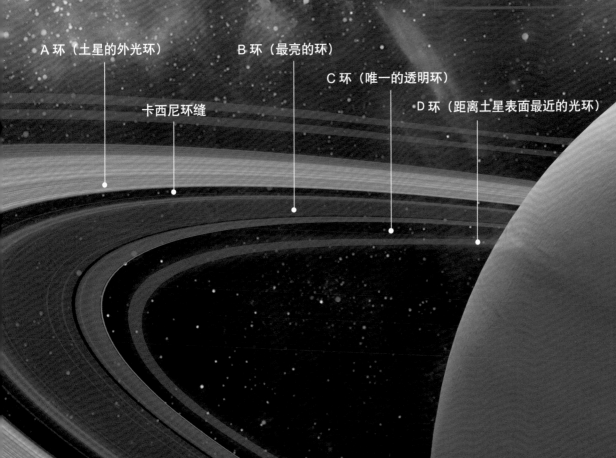

A 环（土星的外光环）

卡西尼环缝

B 环（最亮的环）

C 环（唯一的透明环）

D 环（距离土星表面最近的光环）

土星的地貌

如果给太阳系中的行星们举办一个"选美"比赛，那么冠军一定非土星莫属，它是人们公认最美丽的行星。土星巨大的光环是最能显示它特色的一面，土星最让人陶醉之处不仅在于它的美丽和容易观测，还体现在其光环随着土星的运动而变大或变小，甚至消失。壮观的一面是土星环体现的，那么土星的地貌有什么与众不同之处呢？土星的美丽，除了体现在土星环上，还体现在它的表面。土星就像一颗硕大的、熟透了的橙子，黄澄澄的，充满活力，且土星的极地有极光，绿色的极光就像"大橙子"的"叶子"，为土星增添了一份朝气。

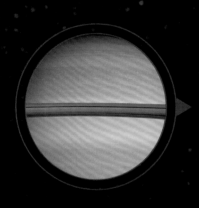

土星的表面

土星虽然叫作"土"星，但是在它上面并没有土的存在。土星表面是液态的氢、氦，可以把它看作一个气态星球。土星上有很稠密的云，人们从地球上利用望远镜观测它，会看到这些云形成的平行条纹，有淡黄色、橘黄色和金黄色。

土星磁场
土星的磁场范围比地球的磁场范围大上千倍，但比木星磁场小，也不像木星磁场那样复杂。

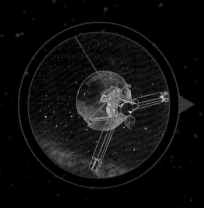

探测土星的"先驱者"

1973年4月，"先驱者"11号在众人的期待中发射升空，并在1979年9月1日飞临土星，它成为第一个就近探测土星的人造天体。"先驱者"11号发现了土星特殊的磁场，就像大鲸鱼一样，头部圆钝，两边伸出扁形鳍，还有粗壮的尾巴。

不同文化中的土星

在罗马神话中，土星是"农神"，它所采用的名字，是农业和收获的神祇。古代的中国依据中国的五行之说再结合它的颜色，命名了这颗行星是土星，是在传统上用于自然分类的元素之一。在古希伯来语中，土星名字的意义具有双面性，一面是智慧之神天使、精灵；而另一面是它黑暗的一面——恶魔。

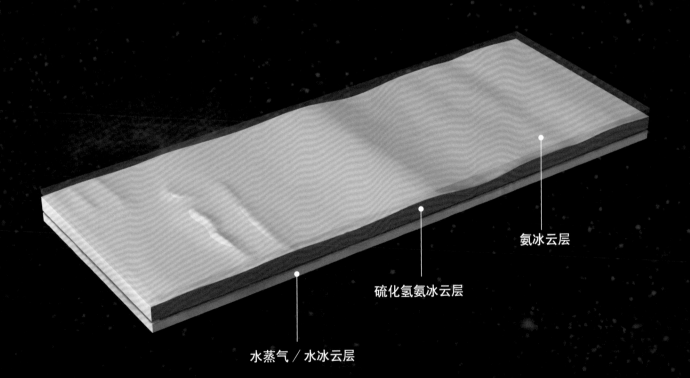

氨冰云层

硫化氢氨冰云层

水蒸气／水冰云层

土星的卫星

　　作为太阳系中体积最大的两颗行星，木星和土星总会被人们放在一起比较。土星似乎总是很低调，在很多方面都仅次于木星，但是它又有自己的"个性"，在卫星家族中也是这样。土星的卫星数量目前是太阳系八大行星中最多的，但是土星的卫星并不能简单地以成分和密度归类划分，探测显示土星的卫星有复杂多样的特征。在土星的卫星当中，最靠近土星内侧的6个都是小卫星，它们可能原本是大颗冰天体的碎片，与土星有着密切的关系。此外，天文学家从"旅行者"号飞船发回的资料发现，除土卫六外土星的其他卫星都比较小，寒冷的表面上都有陨击的疤痕，就像是破裂了的鸡蛋壳。

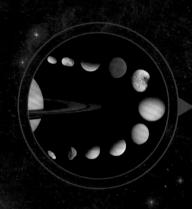

土星的卫星数量

　　土星的体积仅次于木星，但它的卫星数量最多。土星到底有多少颗卫星？这还是一个未被精确的数据，随着近年来观测技术的不断提高，截至2019年，人们已经发现的土星有82颗卫星。这些卫星形态各异、五花八门，其中53个成员已经被正式命名。

著名的"泰坦"

　　"泰坦"在希腊神话中，是一个巨人家族，它是土卫六的名字。"泰坦"是继伽利略卫星后被人类发现的第一颗土星卫星，一直以来备受关注，它的直径是5150千米，是太阳系中的第二大卫星，仅小于木卫三。"泰坦"是太阳系中唯一一颗真正拥有牢固永久大气层的卫星。

土卫一

土卫一是土星中最小且最靠近土星的一个。土卫一的自转和公转是同步的，所以它与地月关系相似，总是以同一半球朝向土星。土卫一表面明亮，布满碗形的陨石坑，由于表面重力小的缘故，所以陨石坑的深度较大。

土卫六

土卫五

土卫四

土卫三

土卫二

土卫一

土星有哪些卫星有同轨现象

土星的卫星总是会让人们有意料之外的发现，在庞大的土卫系统中还有几颗卫星同轨的奇特现象，如土卫十三、土卫十四就分别在土卫三前后各60°处，构成了两个正三角形。而有时土卫十、土卫十一会靠得很近，还有几颗卫星位于环内，这样的卫星同轨现象是造成土星光环结构复杂多变的原因之一。

天王星

　　在太阳系中，有一位非常调皮的"成员"，因为距离太阳较远，所以它总是偷懒似的不好好运动，你们猜到它是谁了吗？它就是天王星。天王星是太阳系由内向外的第七颗行星，它的体积在行星之中排行第三，质量排名是第四。天王星绕太阳公转一年大约要84个地球年，它与太阳的平均距离大约30亿千米。为什么说天王星"偷懒"呢？因为它的自转非常有趣，它的自转轴几乎"躺"在公转轨道平面上，因此看上去仿佛总是在躺着打滚。这种情况就导致了天王星上的昼夜、季节与地球上有很大的不同：天王星的北半球处于夏季的时候，它的北极几乎正对太阳，而整个南半球完全处于黑暗和寒冷之中。相反，当北半球处于冬季时，天王星的南极就差不多正对着太阳。

天王星的命名

　　由于赫歇耳是天王星的发现者，因此有天文学家建议将天王星称为赫歇耳来尊崇它的发现者。但是，德国天文学家波得赞成用希腊神话的乌拉诺斯来给这颗行星命名，它译成拉丁文的意思是天空之神，中文称为"天王星"。最早"天王星"一名出现在1823年的官方文件中，但是，直到1850年，"天王星"的名称才逐渐被广泛使用。

最"冷"的行星

　　天王星几乎没有多少热量被放出，它的热辐射释放的总能量是大气层吸收自太阳能量的1.06倍。而天王星的热流量远低于地球内的热流量，在对流层的最低温度纪录只有-224℃，因此天王星是太阳系最"冷"的行星，比海王星温度还要低。

天王星的成分构成

天王星主要由岩石与各种成分不同的水冰物质所组成。天王星的性质与木星、土星的地核部分比较接近，它没有类木行星包围在外面的巨大液态气体表面。

外幔

核

内幔

天王星的结构

　　太阳系家族中的行星有很多共同点，却也有很多不同的地方。作为一个约为地球质量14.5倍的行星，天王星一直以其独特之处吸引着人们的注意力。由于天王星也是一个类木行星，所以它的表面和层次并不像类地行星那样容易分辨。现在还有很多关于天王星的现象不能做出明确的解释，但是根据探测器传递的资料和结果，人们还是能对这个"神秘人物"有一定的了解。天王星温度很低，它内部含冰，具体的含冰量还不明确。

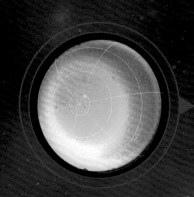

天王星的大气层

　　天王星的大气层与其他行星相比，可以说是十分"风平浪静"。虽然天王星内部没有明确的固体表面，但天王星的最外面有被称为大气层的气体包壳。天王星的大气层可以分为三层：对流层、平流层和增温层。

天王星的结构

　　天王星是类木行星中质量最小的一个，人们为它做的标准模型结构主要包括三个层面：中心是岩石的核心，中间一层是冰的幔，最外层是氢和氦组成的外壳。相比较而言，天王星的核非常小，幔则是一个庞然大物。天王星这样的模型有一定的标准，但并不是唯一的。

天王星磁场

在探测器探测之前，天王星的磁场一直保持着神秘色彩，因为它从来没有被测量过。"旅行者"2号的观测显示，天王星有一个奇特的磁场，它并不在天王星的几何中心，这也就导致了它有一个非常不对称的磁层。天王星南半球的磁场强度不足0.1Gs，而在北半球的强度却高达1.1Gs。

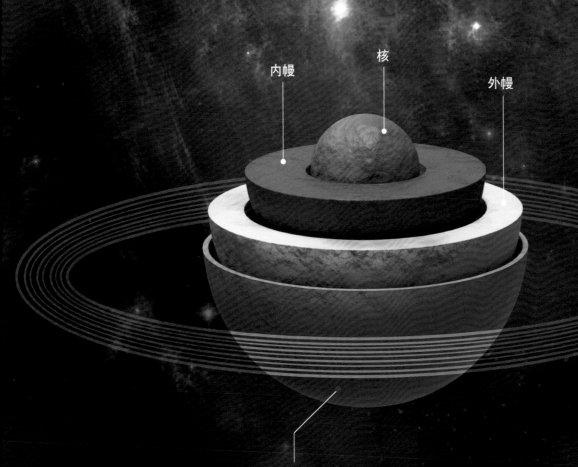

内幔　　　核　　　外幔

天王星的磁场十分特殊，同海王星一样，它的磁场有多个极。

天王星的光环

继土星环之后，人们在太阳系内发现的第二个环系统就是天王星环。目前，人们已经发现了13个天王星环，它们相对比较暗，最亮的是 ε 环。天王星的光环并不像土星的环那样壮观，相反，它们看上去很"单薄"，它们非常细，是名副其实的"线状环"，也正因为如此，只有利用特殊的观测方法才能看到天王星环的存在。在2003年，天王星昏暗的外环曾经在哈勃空间望远镜的视野里出现过，但是直到2005年它们才被天文学家所注意。自2004年以来，天文学家看到的天王星环的大小和距离是不断变化的，而新图像显示，天王星环的模样发生了很大变化，这表明天王星曾经遭受过巨大的撞击。

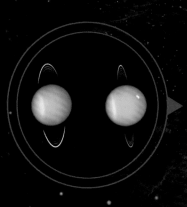

最"年轻"的光环

天王星的光环比较暗淡，但是直径很大。人们认为天王星的光环相当年轻，圆环周围的空隙和不透明部分存在的区别表明了它们并不是和天王星同时形成的，而环中的物质可能来自被高速撞击或潮汐力粉碎的卫星。

天王星有多少圈光环

2005年12月，哈勃空间望远镜探测到一对之前从未发现的蓝色圆环。随着新的光环的发现，天王星光环的数量增加到13圈。

天王星的卫星

天王星的卫星家族规模算得上是"适中"，目前为止，人们已经确认天王星卫星有27颗。天王星拥有五颗主要卫星，它们相对而言都是暗天体，距离天王星从近到远排列分别是：天卫五、天卫一、天卫二、天卫三和天卫四。现代科学对于天王星五大卫星的形成有两种不同看法：一种说法是它们在吸积盘中形成，这个吸积盘形成后还在天王星的周围"停留"了一段时间；另一种说法是天王星早期受到过强烈的冲撞，进而形成了这五颗卫星。天王星已知拥有9颗不规则的卫星，这些不规则的卫星都很可能是在天王星形成后不久捕获的天体，天卫二十三是天王星已知的唯一一颗不规则顺行卫星。

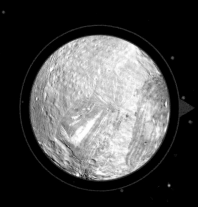

冰和岩石混合而成的卫星

在天王星的卫星中，天卫五是十分有趣的"一员"，它的表面是由众多的环形山和奇异的凹线、山谷和悬崖组成。最有趣的是，它是由冰与岩石混合而成的，组成天卫五的冰的成分有可能包括二氧化碳。天卫五距离天王星非常近，但其轨道倾角却高达4.34°。

谁拥有质量最小的卫星系统

所有类木行星中，天王星卫星系统的质量是最小的一个，它5颗最大卫星的总质量还不到海卫一的一半。天王星最大的卫星是天卫三，它的半径不到月球的一半，但比土星第二大卫星土卫五稍大一些。

内卫星

　　截至2013年，人们已知天王星拥有13颗内卫星，这些卫星的轨道都位于天卫五的内侧。其中，天卫十五的直径有162千米，它是天王星最大的内卫星，它和天卫二十六也是距离天王星最远的内卫星。所有的内卫星都是暗天体，它们的几何反照率不超过10%。

天卫三

天卫四

天卫四在五颗主要
卫星中距离天王星最远，
它布满了陨石坑，陨石
坑底又有许多暗区，可
能已经填满冰岩。

天卫五

天卫二

天卫一

海王星

　　太阳系中的远日行星就是海王星，它在八大行星中与太阳的距离最远，是质量第三大的行星。海王星通常被人们视为天王星的"姐妹"行星，它们在很多方面都有相似之处。海王星在直径和体积上比天王星小，但是它的质量却比天王星大。1846年9月23日，海王星被发现，它是唯一一个利用数学预测而非有计划地观测被发现的行星。天文学家利用天王星轨道的摄动推测出海王星的存在以及它可能存在的位置。人们对于海王星的近距离观测很少，目前为止只有美国的"旅行者"2号探测器曾经在1989年8月25日拜访过海王星。而现在，人们也正在研究可能进行的海王星探测任务。

名字的由来

　　海王星的亮度非常低，只有在望远镜中才能看见它。由于它呈现深邃而低沉的蓝色，带着静谧的淡蓝色光芒，所以西方人以罗马神话中的海神"波塞冬"的名字来称呼它。而在中文里，人们把它译为海王星。

大黑斑

　　1989年，"旅行者"2号航天器在海王星表面的南纬22°发现了海王星的"大黑斑"。那是类似木星大红斑及土星大白斑的蛋形漩涡，大约16天为一周期以逆时针方向旋转。然而1994年，哈勃空间望远镜观测发现大黑斑竟然不见了，几个月后又产生了一个新的大黑斑，这表明了海王星大气层变化的频繁。

超强的风暴

海王星是太阳系类木行星中风暴最强的一个。人们曾经普遍认为行星离太阳越远，能驱动风暴的能量就越少，而海王星上的风暴反而很快。

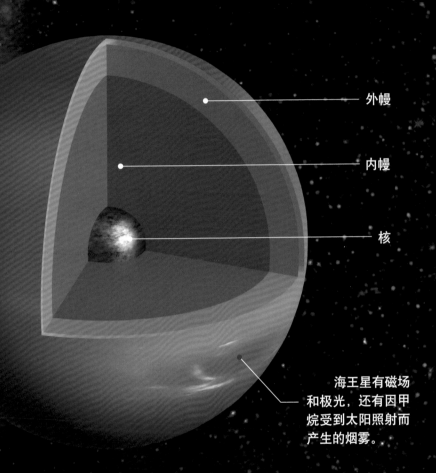

外幔

内幔

核

海王星有磁场和极光，还有因甲烷受到太阳照射而产生的烟雾。

谁是"外冷内热"的行星

由于海王星的轨道距离太阳很远，它能接受到的太阳热量也很少，因此它的大气层顶端的温度只有−218℃。尽管如此，海王星却有一颗炽热的"内心"，它和大多数已知的行星一样，核心温度约为7000℃。和天王星一样，海王星内部热量的来源仍然是未知状态。

海王星的结构

　　海王星虽然和它的"双胞胎姐妹"天王星都属于类木行星，但是它们又与木星和土星这样的"典型"类木行星大小相差较远，以至于它们看上去，并不像是"同级"的成员。因此，海王星和天王星通常被人们放在一起做比较，在寻找太阳系外的行星领域时，海王星经常被用作一个代号，指代人们所发现的与海王星质量类似的系外行星，就如同天文学家口中常说的那些系外"木星"。在内部结构方面，海王星和天王星几乎是"如出一辙"，但是其内部活动比天王星更剧烈。

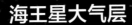

海王星大气层

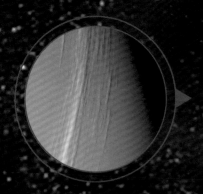

海王星大气层主要包含80%的氢和19%的氦，同时也存在着微量的甲烷。因为海王星吸收的是大气层的甲烷部分，所以使它"穿"上了蓝色色调的"外衣"。除了甲烷，人们认为还有一些未知的大气成分有助于海王星的"着色"。

外幔

核

内幔

磁层

海王星与天王星的磁层也很类似，它的磁场也有着高度的倾斜。因为海王星磁场的非偶极成分，所以在几何结构上非常复杂。在海王星磁层顶部，磁层的压力能抵消太阳风。

太·阳·系

海王星的光环

　　在20世纪80年代，人们发现了天王星光环，这对人们观测海王星光环是一个极大的鼓励，很多人试图通过海王星掩星来观测它的光环到底存在与否。对于几次掩星的观测结果众说纷纭，有人认为海王星有光环，有人则认为它不存在光环。1989年8月，"旅行者2"号探测器终于使这桩"悬案"有了明确的答案：当它飞越海王星时，发现海王星周围有光环隐藏在尘面下。

海王星的观测

　　人们在地球上，肉眼看不到海王星，它实在太暗了，甚至比木星的伽利略卫星、矮行星和一些小行星都要暗淡。即使在优质的双筒望远镜中，海王星也只是显现为一个"单薄"的蓝色小圆盘，由于它在视觉上很小，为人们的观测带来一定的难度，直到哈勃空间望远镜与自适应光学技术的应用才得到发展。

伽勒环

拉塞尔环

勒威耶环

阿拉戈环

亚当斯环

海王星光环的特征

在地球上观测海王星的光环，只能看到"轻描淡写"的圆弧，而并不是完整的光环。"旅行者"2号的图像显示这些圆弧是由亮块组成的光环。海王星的光环有一个特别的"堆状"结构，但是为什么会有这样的结构至今还不能明确。

海王星的卫星

　　尽管海王星的卫星暗淡得人们难以看见，但经过探测，人们还是发现了它的卫星家族。海王星的卫星简称"海卫"，名称是从海卫一至海卫十四。继海卫一和海卫二被发现以后，在1989年，"旅行者"2号掠过海王星的时候发现了6颗新的卫星，使海王星卫星的数目增至8颗。而在2002年和2003年发现了5颗新的不规则卫星，至此海王星的卫星家族已经"壮大"到13名成员。美国国家航空航天局2013年7月15日宣布，哈勃空间望远镜发现了海王星的第14颗卫星。它是目前已知的海王星卫星中最小的一颗，亮度比我们从地球上肉眼能看到的最暗的星星还要弱一亿倍。

最像行星的卫星

　　在海王星的卫星中，海卫一很特殊，它是最像行星的卫星。海卫一是四个有大气的卫星之一，它几乎具有一切行星的特征：它不仅有行星所有的天气现象，也具有类地行星的地貌和内部结构，它的极冠比火星极冠还大，还有正在活动的火山，它甚至还具有行星才有的磁场。

最大的卫星

　　海王星最大的卫星是海卫一，它具有一个相对比较年轻的表面和复杂的地质历史，也是太阳系最冷的天体之一。

海卫一

海卫八

海卫二

海卫七

海卫二

　　海卫二是海王星第三大卫星，它是目前已知卫星中轨道偏心率最大的一颗。

冥王星

　　柯伊伯带天体中，冥王星是第一个被发现的，它是太阳系内已知体积最大、质量第二大的矮行星。在直接围绕太阳运行的天体中，冥王星体积排名第九，质量排名第十。冥王星相对较小，它的质量仅为月球的1/6，体积仅是月球的1/3，和其他的柯伊伯带天体一样，冥王星主要由岩石和冰组成。在1930年克莱德·汤博发现了冥王星，并把它看作是第九大行星，冥王星也一直以这样的"身份"在行星家族生活了几十年。但在1992年以后，人们在柯伊伯带发现了一些质量能与冥王星"相提并论"的冰质天体，这些天体挑战了冥王星的行星地位。2005年被发现的阋（xì）神星甚至比冥王星的质量还要多出27%，因此2006年国际天文学联合会正式定义了行星的概念。

冥王星的"真实身份"

　　在1930年冥王星被发现时，当时估错了它的质量，以为冥王星比地球还要大，所以将它归为行星。但是，随着进一步地观测，发现它的直径只有2300千米，甚至比月球还要小。2006年8月24日下午，在第26届国际天文学联合会上通过决议，由天文学家以投票形式将冥王星划为矮行星，从行星之列中除名。

冥王星的名字来源

　　由于冥王星距离太阳太远以至于它一直在无尽的黑暗中沉默，这一特点与人们想象中的冥界相似，因此被以罗马神话中的冥界之神普鲁托来命名，中文将它译成冥王星。

核

幔

壳

矮行星

冥王星最后被划分为矮行星家族之中，那么矮行星的定义是什么呢？矮行星也称"侏儒行星"，它是体积介于行星和小行星之间，围绕恒星运转、质量足以克服刚体力以达到球形的天体，并在轨道上没有清空其他天体，同时不是行星。因为冥王星没有清空所在轨道上其他天体的能力，所以它不符合行星的定义，是矮行星。

在2006年布拉格召开的国际天文学联合会会议上，被降级成为矮行星的不止冥王星一个，它还有一个"难兄难弟"卡戎。卡戎曾经被认为是冥王星的卫星，因此又叫"冥卫一"，它于1978年被美国天文学家詹姆斯·克里斯蒂发现，它的发现促进了人们对冥王星的进一步了解。科罗拉多州的行星学者罗宾表示，冥王星的岩石构成略微多了一些，因此可以推测卡戎和冥王星可能是很早以前碰撞在一起的两颗原始星体，并且以这样一种方式彼此盘绕在一起。

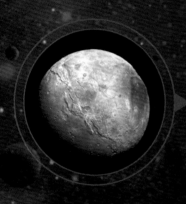

卡戎的特点

卡戎绕冥王星公转的周期，恰好等于它自身的自转周期和冥王星的自转周期，也就是说它们始终保持着"面对面"的运动。此外，卡戎自身的引力大到足以使它呈球形，而冥王星和卡戎的共同质心位于外空间里，并不位于冥王星内部。由于这些特征让一些天文学家认为冥王星和卡戎之间应该是双星系统，是伴星关系。

卡戎是怎样形成的

科学家鲁宾·卡努曾用计算机模拟计算卡戎形成的过程。结论显示，当年一颗直径在1600～2000千米的星体与冥王星发生了碰撞，碰撞后在冥王星附近产生了很多彼此相距不远的碎片，这些碎片逐渐结合在一起，最后形成了卡戎。

卡戎的表面布满了
不易挥发的水冰。

冰之卫星

　　卡戎的密度很低，这表明
了它很可能像土星的冰卫星，
表面可能覆盖着水冰。

谷神星

冥王星从行星家族被降级为矮行星，但它并不孤单，因为矮行星也可以算得上是一个小家族，还有一些很有趣的成员，谷神星就是其中之一。谷神星是太阳系中最小的，也是唯一一个处于小行星带的矮行星，正因为如此，它曾经被认为是太阳系最大的小行星。谷神星是被意大利天文学家皮亚齐发现，并于1801年1月1日公布的，2006年，国际天文学联合会将谷神星重新定义为矮行星。据人们分析，谷神星很可能是一个分化型星球，它具有岩石内核，幔层包含着大量的水冰物质，现探测到星球表面有大量载水矿物质。人们初步推测，谷神星的体积中水占了40%。相比之下，它距离太阳仅2.8个天文单位，比木卫二和土卫二距离太阳更近，因此它能通过太阳获得能量。

多次变更的归类

关于谷神星的归类，由于天文学家的意见不合，导致了很多次的变更。2006年，关于冥王星是不是"行星"的辩论，引发了谷神星是否也应被重新归类为行星的问题。根据新的行星定义，谷神星不符合标准，因此它被归为"矮行星"家族之中。

谷神星的发现过程

在1801年新年的晚上，意大利神父朱塞普·皮亚齐在观测星空时，从望远镜中发现了一颗很小的星体，它在几天观测期内不断变动位置。皮亚齐想进一步观测这颗星体时，却病倒了。等他康复以后，想再找这颗星体，它却不见踪影。后来，后人通过用数学计算行星轨道的方法，终于将这颗星体找到。

科学家猜测谷神星存在次表层海洋或者冰冻水层，对于矮行星来说，它更像是一颗行星或者冰卫星，并不是天文学家之前理解的小行星。

谷神星的表面

谷神星很接近球形，表面具有不同的反照率。2015年，"黎明"号探测器在谷神星的轨道上运行，科学家发现谷神星上存在一座巨大的山脉，从外形上看，酷似埃及的金字塔。这条山脉高6000米，在南北半球的盆地上，还有一些巨大的撞击坑。

银河系

在遥远的古代，人们就发现银河的存在，但是我们真正认识银河还是从近代开始的。我们所居住的地球位于太阳系之中，而太阳系就位居银河系之中。银河系除中心核球外，还拥有一个巨大的盘状结构，它包含了大量的恒星、星团和星云，还有各种星际气体和尘埃。银河系中都存在哪些奇妙、美丽的天体呢？快来了解一下吧！

银河系

　　银河系又被叫作"天河""星河"等，是棒旋星系，除太阳系外还包括2000亿～4000亿颗恒星、数以千计的星团和星云，还包含各种星际气体和尘埃。银河系拥有一个巨大的盘状结构，由于我们在它的内部，所以只能看见横跨于夜空的白色带状物。银河系的中央是一个超大质量——黑洞，银河系由内向外分别由银心、银核、银盘、银晕和银冕等组成。银河系在慢慢地吞噬周边的矮星系来让自身不断壮大。2020年，科学家发现银河系的尺寸比之前推测的要大10倍以上。

发射星云

气体

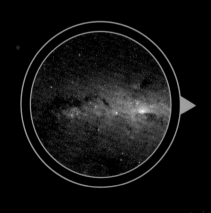

银河系的年龄

　　欧洲南方天文台的研究认为，银河系的年龄有136亿岁，可能与宇宙的年龄相同。2004年，天文学家发现球状星云NGC 6397中的两颗恒星中有铍元素的存在，这一发现使第一代恒星和第二代恒星交替的时间向前推了2亿～3亿年，因此银河系的年龄将不会低于136亿±8亿岁。

银河探索史

　　1750年，英国天文学家赖特认为银河系是扁平的。到了1755年，德国哲学家康德认为银河系可能会组成一个巨大的天体系统，不久德国数学家郎伯特也提出了类似的假设。18世纪后期，英国天文学家赫歇耳描绘出了银河系的形状，并且提出太阳系位于银河的中心。

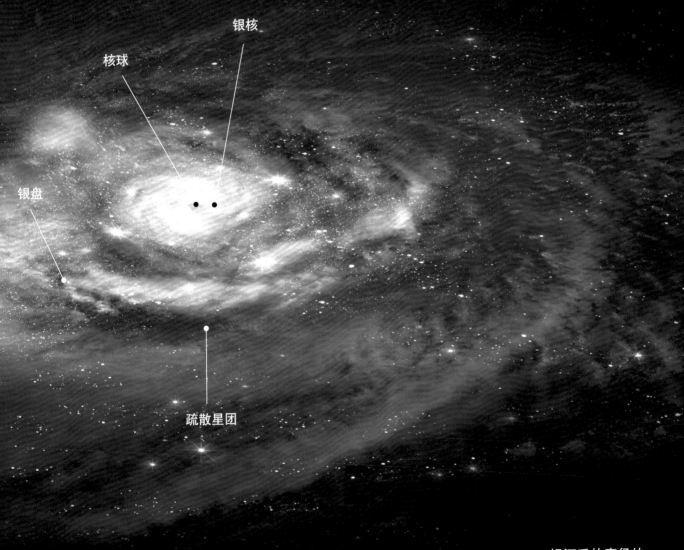

银核

核球

银盘

疏散星团

银河系的直径约为 100000 光年。

银河测绘

  银河系到底是什么样子的呢？科学家们耗费大量的资源利用带有高像素相机的探测器——盖亚探测器，对银河系恒星进行高精度"扫描"，测绘完成了银河系的三维地图，让人们更加清楚直观地感受银河系的美丽。盖亚探测器搭载的10亿像素阵列相机，能够测量1000千米外一根头发丝的直径，科学家利用它提供的数据结合19世纪90年代发布的星图对银河系进行测绘，得到了前所未有的精确银河系星图。银河系呈圆盘形，中间隆起的部分类似球形，叫作银河核球，银河核球中最紧密的部分称为银核。银河系还具有旋臂结构，其中有四条主要旋臂起源于银河系的中心，分别是人马臂、猎户臂、英仙臂、天鹅臂。旋臂是气体、尘埃和年轻恒星集中的地方。银河系是一个既美丽又神秘的存在。

30000

40000

50000

中央
银河
核球

分子环

人马臂

天鹅臂

英仙臂

太阳系

猎户臂

银河系的伴星系是谁

　　银河系有两个伴星系，分别是大麦哲伦星系和小麦哲伦星系。它们分别是由10世纪的阿拉伯人与15世纪的葡萄牙人最先发现的，但直到1521年葡萄牙航海家麦哲伦在环球航行的时候，才对它们做了精确的描述，后来便以麦哲伦命名。

银心

银心是银河系自转轴与银道面的交点，银心区域也就是银河的中心区域。那是一个主要由极其古老的红色恒星组成的结构，这些恒星的年龄大概都在100亿年以上。银心区域大致呈球形，星系的其他部分都围绕着它旋转。太阳距银心约20千秒差距，银心与太阳之间存在大量的星际尘埃，因此我们在北半球是很难用光学望远镜在可见光波段观测银心的。直到射电和红外观测技术发展出来之后，人们才能够透过星际尘埃，观测到银心的信息。

探索银心

科学家已经在对银心的研究中取得了重大进展。1932年，随着射电天文学的出现，人们首次发现银心的不一样，后来出现的X射线和Y射线又揭示出了银心的更多奥秘。2005年NASA的斯皮策红外望远镜进行了大范围的巡天观测，最终让天文学家更好地了解了银河系。

三千秒差距臂

根据探测我们得到中性氢21厘米谱线的观测揭示，在距银心4000秒差距处存在氢流膨胀臂，这就是我们所说的"三千秒差距臂"，其实真正的数据是4000秒差距。大约有1000万个太阳质量的中性氢，以每秒53千米的速度涌向太阳系方向。在银心另一方向，有大体同等质量的中性氢膨胀臂，以每秒135千米的速度离银心远去。

银盘

银盘是在旋涡星系中由恒星、尘埃和气体组成的扁平盘。银盘是银河系的主要组成部分，银河系的大部分可见物质都在银盘的范围之内。银盘以轴对称形式分布于银心周围，它的平均厚度只有2000光年，可见银盘是非常薄的。就像其他旋涡星系一样，银河星系的银盘也绽放着蓝色的光芒，那是因为银盘聚集着年轻的恒星，而年轻的恒星常常呈现淡蓝色。

观测银盘

由于我们身处银河系之中，因此我们很难认识银盘的结构，比如我们站在一棵大树下，想要得知森林的全貌，是很难的。不过天文学家利用整个电磁波谱进行研究，不同的波段可以展示出不同的模样，科学家通过得到的电磁波谱描绘出银盘的全景图。红外观测能够探测到热辐射，可以帮我们透过尘埃观测，而那些来自中子星、黑洞等的奇异的能量则可以通过X射线和Y射线进行观测。

银盘是在旋涡星系中由恒星、尘埃和气体组成的扁平盘。

银晕是由银河系外分布的稀疏的恒星和星际物质组成的球状区域。

发光的"银盘居民"

银盘中存在着大量星云。就像位于天鹅座的蝴蝶星云，它呈红色，这种明艳的颜色来自氢元素，靠吸收近距离恒星的星光之后发光。

银盘"特殊的邻居"

在银河系可探测的物质中，不得不提的是银盘的"邻居"银晕，银晕"居住"在银盘的外围，银晕中分布着一些由老年恒星组成的球状星团；而银盘的范围比银晕小，物质密度却比银晕高得多，太阳就"居住"在银盘内。

球状星团

　　银河系大部分恒星都分布于银盘与银核之中，其中数亿颗恒星分布在球状星团中。球状星团因为外形似球而得名，直径通常为100～300光年。球状星团主要做弥散运行，星团中的恒星受到重力的束缚，越往中心越密集，它的恒星平均密度比太阳周围的恒星密度高数十倍，而分布于中心附近的则要高数万倍。星团中包含上百万颗恒星，这些恒星几乎都是银河系中的老者，它们有着同样的演化历程，同样的运动方向和运动速度，约有上百亿年的历史。球状星团在星系中是很常见的，在银河系中已知的大约有150个，可能未被发现的有10～20个。

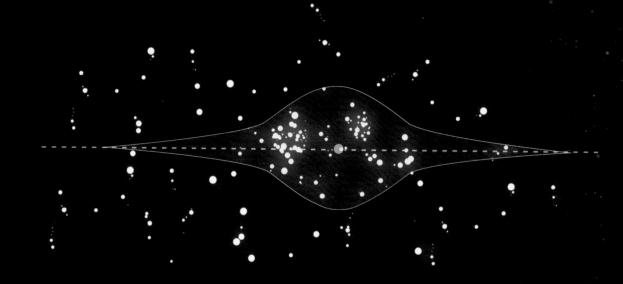

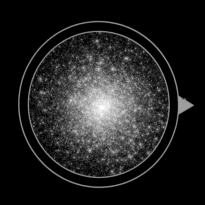

最早发现的球状星团

　　1665年，德国天文学家伊勒发现第一个球状星团，命名为M22。早期发现的球状星团有半人马座ω、M5、M13、M71、M4、M15、M2。因为早年望远镜的口径都很小，在梅西耶观测M4之前，球状星团之中的恒星都不能被分辨出来。

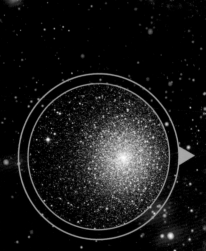

与宇宙同寿

　　球状星团是十分古老的恒星集合，由数十万至数百万颗低金属含量的年老恒星组成，除几个例外，每个球状星团都有明确的年龄。球状星团的年龄几乎就是宇宙年龄的上限，一般认为球状星团是在宇宙诞生后不久产生的天体，宇宙有多老，它们的年龄就可以推算出来。根据推算，最古老的球状星云的年龄约为115亿年。

银晕、银冕与暗物质

　　银河系看似一个扁平的圆盘，在这个圆盘中还隐藏着许多东西。银河系外围分布着稀疏的由恒星和星际物质组成的球状区域，它就是银晕。在银晕中恒星密度稀薄，最亮的成员是球状星团。而银冕是银晕之外更暗、质量更大的那一部分，它由不可见的暗物质以及超级热的气体组成，气体的温度可以达到数百万摄氏度。银冕会向外延伸30万光年以上。暗物质是普遍存在于宇宙中的一种看不见的物质，占宇宙总质能的26.8%。

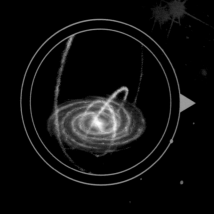

银晕

　　银晕是银河系主体外围由稀薄的星际物质和某些类型的恒星组成的大范围球状区域，其半径大约有25万光年。银晕中除了晕族天体外，还含有少量的气体。这些气体的成分可能是电离氢，它们主要来自银盘中的超新星爆发。在银晕的内区还存在着银道喷流以及高速云，高速云就是可以在银道面上来回运动的氢云，运动速度极快。银道喷流充当着高温电离气体喷口的作用，将直径数万光年的膨胀物质抛入银晕之中，最终冷却下来作为"银道雨"落回银盘。

暗物质

　　科学家经过观测发现，在银盘外部范围，银河系的自转速度随着半径的增加而变得稳定。然而这种结果却与我们可以观测到的由恒星、气体、尘埃组成的星系盘不相符。科学家认为宇宙中存在着大量不可见的物质，它们被称为"暗物质"。暗物质时刻影响着星系的自转。暗物质可能是由很少发光或者根本不发光的物质组成，比如黑洞、褐矮星，以及晕族大质量致密天体。一种被大家接受的理论认为暗物质是弱相互作用有质量粒子。

星云

　　1758年法国天文学家梅西耶在观测彗星时发现一个没有位置变化的云雾状板块，它显然不是彗星，那它是什么呢？当我们仰望星空时，会发现有些地方没有恒星，就像是一个空洞。在19世纪，美国天文学家爱德华·巴纳德认为，这个是宇宙空间中的巨大气体和尘埃遮住了恒星发出的光形成了一个空洞的视觉效果。在宇宙空间中我们叫它"星云"。所以说星云是尘埃、氢气、氦气和其他电离气体聚集的星际云。泛指任何天文上的扩散天体。星云的密度是非常低的，但是体积非常庞大，可达方圆几十光年，它可能要比太阳重得多。星云通常具有多种形态，而且星云和恒星是可以相互转化的，恒星抛出的气体将是星云的一部分，星云物质在引力的作用下会坍缩成恒星。

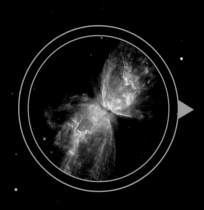

会发光的星云

　　宇宙空间中不仅有像空洞一样的暗星云，还有会发光的明亮的星云，用地面望远镜和空间望远镜拍摄下来的发光星云，五光十色，十分美丽。

行星状星云

　　一颗类似太阳的恒星，在它即将衰亡时，它的体积会增大到原来的几十倍甚至几百倍，然后它们将外层的气体一点一点地向四周喷出去，就形成了环绕在它周围的环状星云，也就是"行星状星云"，它也是一种发光星云。

弥漫星云

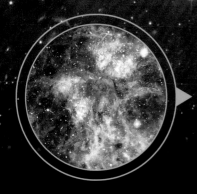

　　正如它的名字那样，弥漫星云没有明显的界线，它们常常呈现不规则的形状，如同天空的云彩。它们的直径在几十光年左右，密度平均为每立方厘米有10～100个原子，只能通过望远镜才能观测到它们美丽的样子。它们通常分布在银道面附近。像猎户座大星云、马头星云等都是比较著名的弥漫星云。

恒星

　　恒星是发光的球形等离子体，太阳是离我们最近的一颗恒星。恒星间的距离非常遥远，因此恒星的相互碰撞是非常罕见的，天文学上一般用光年来度量恒星间的距离。我们可以通过周年视差、星团视差、力学视差、造父变星等对距离进行测量。在恒星的一生中，它的直径、温度和其他特征，在不同阶段都不同，而恒星周围的环境也会影响其自转和运动。目前人类还不知道宇宙中到底存在多少颗恒星，最著名的一个猜想是美国天文学家卡尔·爱德华·萨根提出的，他认为宇宙中有1000亿个星系，每个星系有1000亿颗恒星。

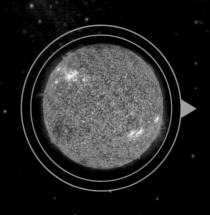

特征

　　恒星具有的两个特征就是温度和绝对星等。在一百多年前，丹麦的赫兹伯隆和美国的罗素描绘了一张名叫赫罗图的图表。这张图可以用来查找恒星光度之间的关系。

恒星分类

　　在宇宙中存在着很多种不同类型的恒星，我们对其进行了分类，其中最普遍认可的是光谱分类，依据恒星光谱中的某些特征，以及谱线和谱带的相对强度进行分类。我们还根据恒星在赫罗图的位置，将恒星划分为白矮星、主序星、巨星、超巨星等。依据恒星的稳定性可划分为稳定恒星、不稳定恒星。依据恒星成因或起源划分为碎块型恒星、凝聚型恒星、捕获型恒星。

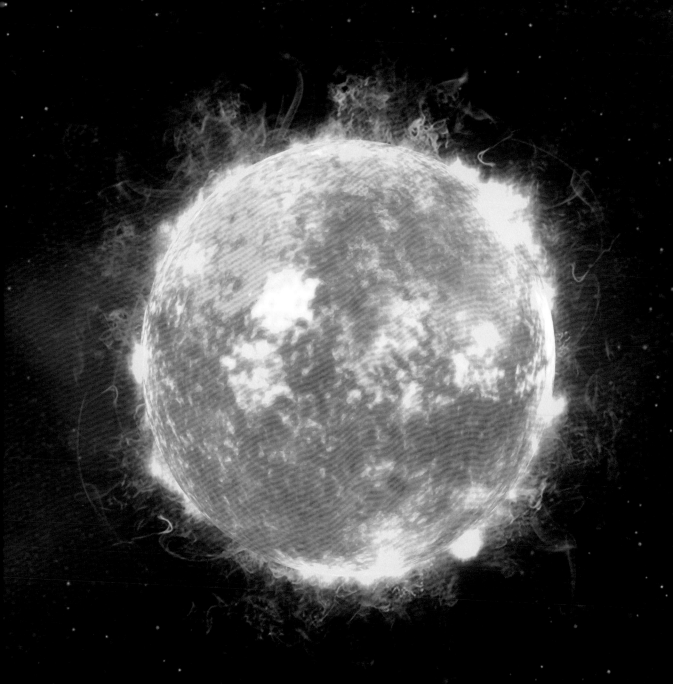

恒星的分类

　　宇宙中存在众多恒星，而它们拥有各种各样的类型，不同类型恒星的起源与演化也是大不相同的，并且它们都有自己专属的名字。普遍认可的恒星分类方式是光谱分类，科学家们根据光谱中的某些特征、谱线强度，同时也考虑到连续谱的能量分布等将恒星进行分类。用字母来表示，温度最高的蓝白色恒星是O型，随后按照温度递减的顺序排列为B、A、F、G、K、M型，其中后四位的恒星温度很低，除此之外还有三类亚型：R、N、S型，它们与K、M型类似，只有小部分差别。

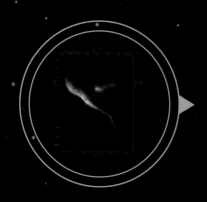

赫罗图

　　赫罗图是100年前发明出来的。从图上可以看到恒星的分布规律。在恒星的一生当中，它的各种特征并不是恒定不变的，会时刻发生着变化。

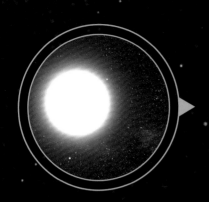

根据运动情况划分

依据恒星与其他天体的关系以及运动情况，也可以将恒星划分为几种类型。孤星型恒星：它是孤立存在于宇宙空间，不在星系中，该类型恒星呈直线运动，基本形态为球形和非球形。主星型恒星：它会捕获小质量天体形成绕其旋转的系统。从属型恒星：它们会绕大质量天体进行转动，没有小质量天体绕其旋转。伴星型恒星：它们会与大质量天体形成相互绕转，形成伴星关系。混合型恒星：它们会围绕大质量天体进行转动，也会有小质量天体绕其旋转或有伴星。

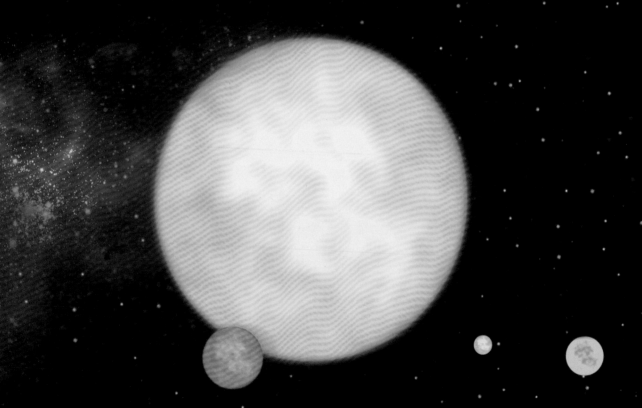

更多分类

依据恒星结构可以划分为简单型恒星即非圈层状结构恒星、复杂型恒星即圈层状结构恒星。依据寿命可以划分为短命型恒星、长命型恒星。依据温度可以划分为低温型恒星、中低温型恒星、中温型恒星、中高温型恒星、高温型恒星。

双星与聚星

    在宇宙中，不是所有的恒星都是孤立存在的，像太阳这样的恒星还是占少数。有一半以上的恒星都是束缚在双星或者处于更加复杂的聚星系统中。在这样的系统中，各个成员都围绕着一个共同的中心运行。其中双星是我们最为常见的一种方式，三颗到七颗恒星在引力作用下聚集在一起，这样组成的恒星系统称为聚星。大部分著名的恒星系统都是双星或者聚星，例如半人马α、南河三和天狼星，还有一个极为罕见的六合星系统，那就是距离地球52光年外的北河二。恒星运动的一般规律是彼此互相远离，而像北河二这样如此靠近的实属罕见。

双星

    我们在观测星空的时候会发现有些恒星离得很近，那么它们是否存在着某些关系呢？科学家发现，其中有不少恒星之间存在着力学上的联系，它们相互环绕转动，这样的两颗恒星被称为双星。其中较亮的被称为主星，另一颗较暗的被称为伴星。主星和伴星的亮度有的相差不大，有的相差很大。

聚星

    三颗及以上的恒星在引力的作用下聚集在一起，组成了新的恒星系统，叫作聚星。由三颗恒星组成的系统又可称为三合星，四颗恒星组成的系统称为四合星，以此类推。

双星与聚星有什么区别

　　双星和聚星都是彼此靠得很近，并且存在引力作用的恒星系统，它们本质上没有太大的差别，最主要的差别就是数量上的不同，聚星系统是由三颗及以上的恒星组成的，而双星则是只有两颗恒星。

组成双星的
两颗恒星都称为
双星的子星。

变星

我们抬头仰望星空，看见一闪一闪的星星好像是恒久不变的，但实际上很多恒星都属于变星。变星就是指亮度与电磁辐射不稳定的恒星，它们的变化通常伴随着一些其他的物理变化。多数恒星的亮度是固定不变的，就像我们熟知的太阳，而变星的亮度则会发生显著的变化。有些变星是由外因引起的，这些恒星由于自转或者轨道运动导致亮度变化。此外还有一些是由于内因造成的亮度变化，它们调节自己的实际物理光度，有时内因变星会存在周期性的亮度变化，如造父变星和天琴RR变星。

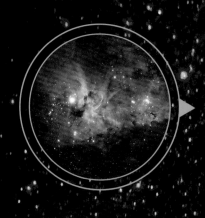

食变星

食变星又叫"食双星"，是一种双星结构，两颗恒星的轨道互相绕行，两颗恒星互相交互通过对方，造成双星光度的周期性变化。它们的轨道与我们的视线呈平行状态时，就会有一颗星被另一颗星挡住而发生星光变暗的现象，就像我们所看到的日食那样。

脉动变星

由脉动引起亮度变化的恒星称为脉动恒星。它们可能是由于恒星大气层的膨胀和收缩造成的亮度变化。脉动变星的周期变化幅度很大；短的可以在1小时以下，长的可达10年以上。根据亮度变化曲线的形状，脉动变星可分为规则的、半规则的和不规则的三种不同的类型。在我们所发现的变星中脉动变星占一半以上，在银河系中存在约200万颗。

造父变星

造父变星以其原型——仙王座 δ 而得名，由于我国古代将仙王座 δ 称作"造父一"，所以天文学家便称它为造父变星。造父变星是一种光度与光变周期成正比的脉动变星。"造父变星"最亮时为3.7星等，最暗时只有4.4星等。

猎户座恒星工厂

　　恒星工厂是指孕育恒星的天体。猎户座恒星工厂就是这样一个制造恒星的"工厂"。它就像一个幽灵般的魅影，距离地球大约有1500光年。这个庞大的集合体中包含了最著名的猎户大星云——M42，它的表面亮度较高，我们在地球上就能够看到它。在这团尘埃中，正不断形成着新的恒星和恒星系。神秘的宇宙是最伟大的艺术家，创造出像猎户座恒星工厂这样的旷世杰作。

猎户座历史

　　其实猎户座在古代文明中就出现了，只是它的形象有所不同。在古代和现代文学作品中，猎户座腰带和剑都是经常出现的。古埃及认为猎户座这些星是献给光之神的贡物，因此一些学者认为猎户座和金字塔有着密切的关系。

猎户四边形

　　猎户大星云的中心区域存在着一群新生的恒星，它们大约有1000颗，每一颗的年龄也有上百万年，在这众多恒星的中心附近，有四颗亮星，它们构成了明亮的猎户四边形星团。

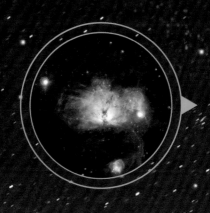

不一样的猎户座

让人难以想象的是，无比壮观的猎户大星云只是一片更大的猎户复合体中的一小部分。在这个复合体中富含分子氢，距离地球1500光年之外，直径可达100光年，质量是太阳的10万倍。在猎户"腰带"处有一条粉色的弧线，那其实是一场远古超新星爆发膨胀的物质壳层，它被叫作巴纳德环。

猎户之剑

猎户之剑是猎户座的一个群星，由c、θ和ι星组成，位于猎户座"腰带"处的三颗恒星下方，指向天空的南方。猎户座星云就存在于这个星群的中心，其中最亮的一颗星为猎户座ι。阿拉伯天文学家把它称为巨人的剑，在中国它被称作伐，是环绕在二十八宿的参宿。

恒星的演化

　　仰望美丽而浩瀚的夜空，我们痴迷于点点繁星，并向它们寄托内心的情感，那些星星大多数是离我们非常遥远的恒星。那么，恒星是怎么来的呢？恒星是靠内部能源产生辐射而发光的球状天体。恒星的演化伴随着恒星的整个生命周期。"年轻的恒星"会收缩，温度上升，并且核心发生聚变反应，释放能量，然后恒星便过渡到稳定的"青壮年期"，也就是主序星阶段，大部分恒星都处于主序星阶段，这个阶段是恒星一生中最漫长的阶段，约几十亿年到上百亿年。当恒星进入"老年期"时将会变成一颗红巨星，它的中心温度会升高，发光强度会增加，体积也会变大，双子座的北河三就是一颗典型的红巨星。

主序星

　　恒星以内部氢核聚变为主要能源的发展阶段为主序阶段，处于这个时期的恒星称为主序星。

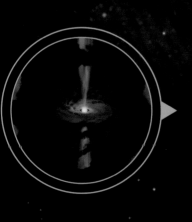

恒星的诞生

　　太空中存在着极其稀薄的物质，主要由气体和尘埃构成。它们通常分布不均，呈现出星云的状态，星云里大部分的物质是氢，处于电中性或电离态，其他是氦以及极少数比氦更重的元素。在星云的某些区域还存在气态化合物分子，它们是非常不稳定的元素，会经过多次的分裂和聚合，逐渐在团块中心形成致密的区域。当核区发生了核聚变反应时，一颗新恒星就诞生了。

红巨星

　　当恒星变成红巨星时说明它进入了老年期。此时恒星中心的氢消耗殆尽，中心区域收缩，温度会剧烈上升，等到中心区域氢氦混合气体达到氦聚变的温度时，热核反应重新开始。氦核逐渐增大，氢燃烧层同时向外扩大，使星体外层物质受热膨胀起来，向红巨星转化。

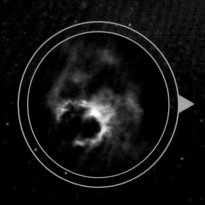

恒星死亡

　　大质量恒星经过一系列核反应后，其核心再也无法提供能源，恒星的核开始向内坍塌，而外层星体则被向外抛射。爆发时光度剧增，可达太阳光度的上百亿倍，甚至达到整个银河系的总光度，这种爆发叫作超新星爆发。爆发以后，恒星外层会解体成星云，中心遗留一颗高密天体。

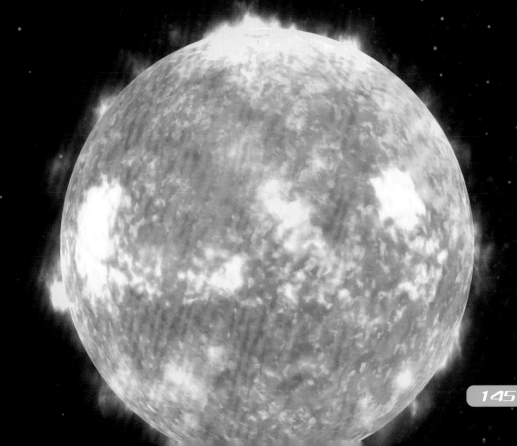

红巨星

　　恒星在耗尽氢气时就预示着它将开始走向死亡。由氦气构成的恒星内核开始发生核反应，此时恒星仍然能够发光，当氦气消耗殆尽时，碳和氧开始聚变，使恒星内核收缩。恒星的表面同时开始膨胀冷却，进入红巨星阶段，此时意味着恒星进入了老年期。红巨星是恒星燃烧到后期所经历的一个短暂的时期，这一时期的恒星很不稳定，历时只有数百万年。与太阳类似的恒星都遵循着这样的演化规律。度过了红巨星时期它们最终会变成白矮星，当它们内部能量消耗殆尽之时就会变成黑矮星，然后彻底消失在太空中。

白矮星

　　当红巨星的外部开始发生不稳定的脉动振荡，恒星的半径时而变大时而缩小，此刻恒星是一个极其不稳定的巨大火球，火球内部核反应时而强烈时而微弱，此时白矮星已经在红巨星的内部诞生了。

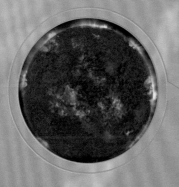

红巨星特征

　　在赫罗图上，红巨星是巨大的非主序星。就像它的名字一样，它是红色的并且体积很大。例如，金牛座的毕宿五、牧夫座的大角星等都是红巨星。

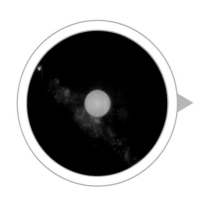

太阳的未来

太阳是一颗处在主序阶段的恒星，它在主序阶段燃烧氢，大约经过50亿年，太阳会把氢燃烧殆尽，变成一颗红巨星，这时它的亮度会加倍，而且体积会不断膨胀，直到吞没水星，当它膨胀到一定规模时，甚至可以吞没我们居住的地球。

超新星

　　爆发规模超过新星的变星就是超新星。某些恒星在生命即将终结的时候发生灾变性的爆发，爆发会释放出巨大的能量，瞬间绽放出相当于整个星系的耀眼光芒。恒星爆发之后，它的气体残留物扩张并且能够在太空中闪耀数百万年之久。在银河系和许多河外星系中已经观测到了数百颗超新星。但是在历史上，人们用肉眼直接观测到并记录下来的超新星仅有9颗。在我国古代文献中，这9次爆发都有可靠的记录。历史上的9颗超新星，都发生在望远镜发明之前。其中1572年和1604年爆发的超新星分别由丹麦天文学家第谷和德国天文学家开普勒观测到，所以又叫"第谷超新星"和"开普勒超新星"。据推测，在整个银河系中，每个世纪会产生两颗超新星。

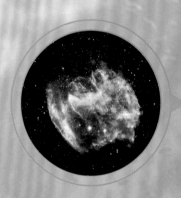

超新星遗迹

　　在超新星爆发的时候会将其大部分甚至几乎所有物质向外抛散，速度可达1/10光速，并向周围的空间迅猛地抛出大量物质，这些物质在膨胀过程中和星际物质互相作用构成的壳状结构，被称作超新星遗迹。

恒星残余物

　　恒星爆发形成超新星后，原本在恒星内核中的碳、氧和铁等元素会留在太空之中，那就是恒星的残余物。

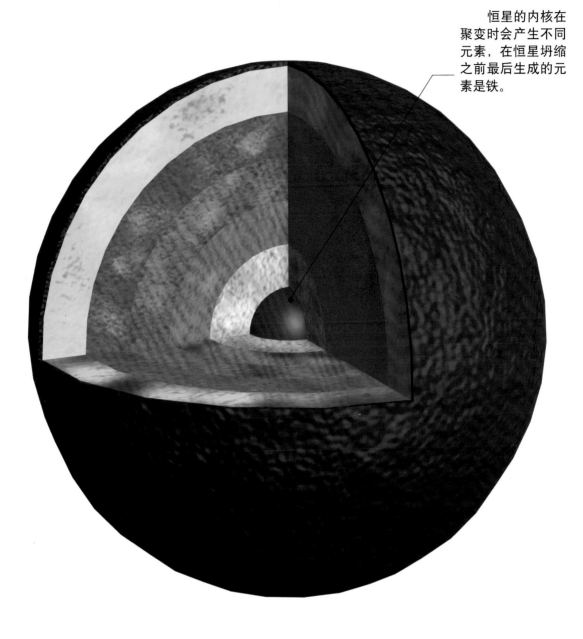

恒星的内核在聚变时会产生不同元素，在恒星坍缩之前最后生成的元素是铁。

核聚变
　　即将面临死亡的恒星内部核聚变的速度比在红巨星阶段更快。

中子星

　　没有什么是永恒不变的，恒星也是在不断变化着的，只不过它变化的周期比较长。中子星就是处于演化后期的恒星。脉冲星是中子星的一种。开始人们发现脉冲星发射的射电脉冲具有周期性规律。人们对此感到疑惑，甚至曾设想这可能是外星人在向我们发电报联系。最终天文学家证实，脉冲星其实就是正在高速自转的磁中子星，正是由于它的高速自转才发出了射电脉冲。因为中子星带有强磁场，带电粒子的运动会产生电磁波，从磁场两端射出，中子星不停地旋转，电磁波的发射方向也会相应旋转，所以我们就会观测到它发出的周期性电磁脉冲。

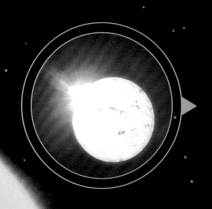

脉冲星

　　剑桥大学卡文迪许实验室的乔丝琳·贝尔·伯奈尔在1967年10月无意中发现了周期十分稳定的脉冲信号，于是脉冲星就出现了。它是PSR1919+21，位于狐狸座方向，周期为1.33730119227秒，它的直径有10千米左右，自转速度极快。短且稳定的脉冲周期是它最重要的特征，正像人类的脉搏一样，它的名字也是由此得来。

中子星的前世今生

中子星的前身大部分是一颗大质量的恒星。核心的坍缩产生巨大压力，使它发生了质的变化；这时候，原子核被压破，质子和电子重新结合形成了中子，当所有的中子都聚集在一起就形成了中子星。

什么是毫秒脉冲星

毫秒脉冲星是在20世纪80年代被人们发现的，之所以被称为毫秒脉冲星是因为它们的周期非常短，只有毫秒的量级，我们之前的仪器可以探测到它的存在，但是想要分辨出来还是有难度的。科学家们研究发现，毫秒脉冲星其实并不年轻，这可能打破"周期越短越年轻"的传统理论。经研究发现，毫秒脉冲星与密近双星可能有关。

白矮星

当恒星度过生命期的主序星阶段，在它的核心发生核聚变反应，就会膨胀为一颗红巨星。红巨星继续演化，当红巨星的外部开始发生不稳定的脉动振荡，恒星的半径时而变大时而缩小，此刻恒星是个极其不稳定的巨大火球，火球内部核反应时而强烈时而微弱，此时，我们认为白矮星已经在红巨星的内部诞生了。不稳定的红巨星最终会爆发，核心以外的物质都抛离恒星本身，向外扩散成为星云，而残留下来的就是白矮星。白矮星通常是由碳和氧组成。白矮星的内部不再有核聚变反应，也不再产生能量。

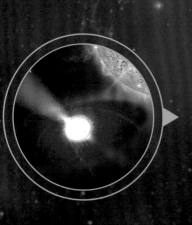

白矮星特点

白矮星是一种光度较低、密度偏大、温度偏高的恒星。因为它的颜色呈白色、体积比较小，所以被称作白矮星。白矮星主要由碳和氧构成，在其外部覆盖一层氢气与氦气，估计占恒星总数的10%，已列入白矮星星表的有2250多颗。

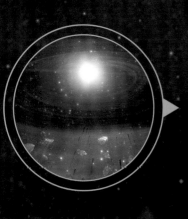

结晶核体

宇宙中无奇不有，科学家们还在白矮星的内部发现了神奇的"结晶"核体。科学家通过对GD 518白矮星的观测发现，它的表面温度可达12000℃，是太阳的两倍左右。科学家对其亮度变化进行研究分析，发现它正进行"脉冲"式的膨胀和收缩，这意味着在它内部存在着不稳定性，科学家预测它的内部可能已经出现了结晶现象，形成一定半径的"小结晶球"，这是一个令人惊讶的结果。

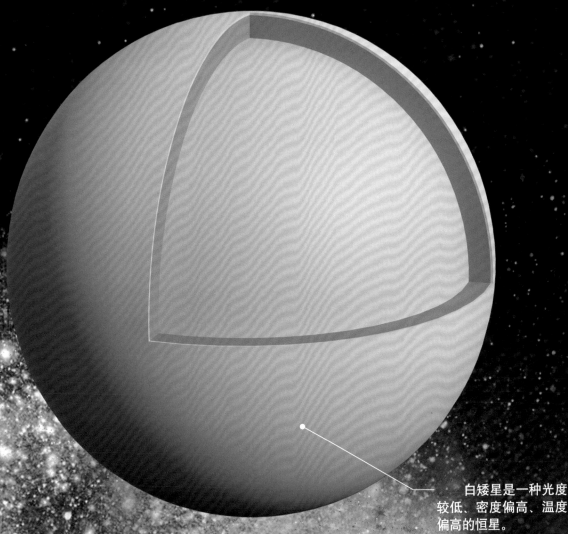

白矮星是一种光度
较低、密度偏高、温度
偏高的恒星。

中子星与白矮星有什么区别

　　白矮星和中子星都是恒星演化末期出现的结果，随着能量的不断消耗，白矮星和中子星都将成为一颗不发光的黑矮星。但是它们还是存在本质区别的。白矮星和中子星的物质存在状态是完全不同的，中子星的密度远远大于白矮星的密度，中子星的体积要比白矮星小得多。

黑洞

　　英国地理学家是第一个意识到一个致密天体的密度可以大到连光都无法逃脱，它就是黑洞。自从黑洞被发现，科学家就开始了对它的探索。恒星演化到最后阶段会变成密度极高的星体，质量最大的恒星最终会坍缩形成黑洞。其实黑洞并不黑，它不是实实在在的星体，它是一个空空如也的区域，探测黑洞存在的唯一途径就是观测它对周围天体的影响。黑洞的引力非常大，会形成一种叫作吸积盘的结构，将周围的一切物体吸收。

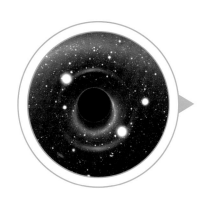

黑洞无毛定理

　　霍金和卡特尔等人在1973年证明了黑洞无毛定理。他们认为无论是怎样的黑洞，它们性质最终都是由几个物理量确定的，它们分别是质量、角动量和电荷，也就是说在黑洞形成之后就剩下了这三个不能变为电磁辐射的守恒量，其他一切都不复存在。黑洞并没有形成任何复杂的物质，也没有前身物质形状的记忆，于是这种特性被称为"黑洞无毛"。

重力井

　　重力井或引力井是指在空间中围绕着某个天体的引力场的概念模型。它就像是一块布中间放了一个铁球，铁球周围会产生凹陷，质量较大的天体周围产生的凹陷会使小质量天体陷落，这或许是引力的形成原因。黑洞能够吞没一切靠近它的物体。它的重力井无穷大，除了物质以外就连光线都能被吞没。任何跨越了黑洞边界的物体都会随着一个螺旋路径坠入重力井。

黑洞的吸引力很大，使视界内的逃逸速度大于光速。

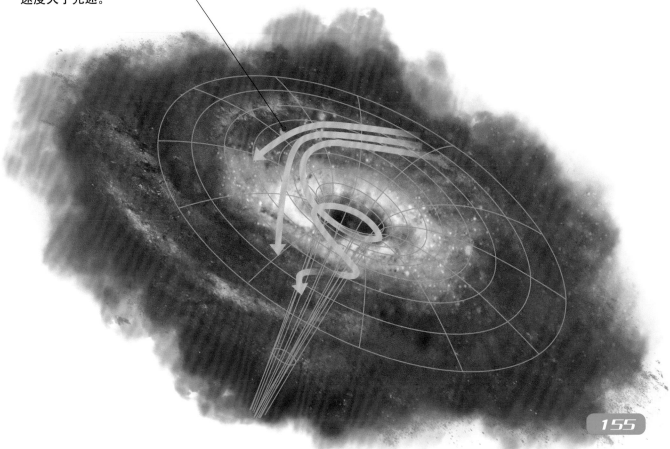

行星

　　行星是围绕恒星运转的天体，它们通常是自身不发光的。往往它们公转的方向与环绕的恒星自转方向相同。行星不能够像恒星那样发生核聚变反应。人们对行星的定义非常形象，因为它们在太空中的位置不固定，就像是在星空行走一般，所以被叫作行星。我们居住的地球也是一颗行星，在太阳系中我们肉眼可见的其他行星还有水星、金星、火星、木星和土星。望远镜被发明出来后，人类又观测到了天王星、海王星等。

矮行星

　　矮行星又被称为"侏儒行星"，在新的行星定义标准下，不能清除其轨道附近其他物体的围绕太阳运转的圆球状的天体被称为矮行星。在布拉格举行的国际天文学协会第26次会议上，国际天文学协会术语委员会决定将冥王星划分为矮行星。

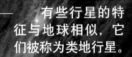

有些行星的特
征与地球相似，它
们被称为类地行星。

类地行星

就像它的名字一样，类地行星的许多特征与地球比较接近，它们的质量和体积都比较小，平均密度比较大，离太阳的距离相对较近。在类地行星的表面都有一层坚硬壳层，拥有类似地球的地貌特征。有的像地球一样带有大气层，有的没有大气层。

如何探寻系外行星

探寻行星最古老的方法是天体测量法，人们通过天体测量法精确地测量天体的位置，以及它跟随时间的运动规律。凌日法也是搜寻行星的方法，当行星运动到恒星的前方，恒星的光芒就会减弱，科学家就是用这种方法发现恒星HD 209458的行星HD 209458b的。还可以通过观测脉冲星的信号周期来推测行星的存在，引力透镜法也是用来发现行星的方法。

行星的卫星

　　卫星的一生都会围绕一颗行星在闭合轨道内做周期运行。在宇宙中，卫星绕着行星运转，行星绕着恒星运转，它们都遵循着各自的规律有序地运动着。在太阳系中的行星，除了水星和金星以外都有自己的卫星。太阳是太阳系中的恒星，地球和其他行星一同围绕太阳运转，月球、土卫一、天卫一等星球则环绕着地球及其他行星运转，这些星球都是行星的卫星。卫星就像是行星的守护者，永远守护着自己的行星。

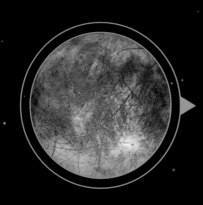

卫星的特点

　　卫星自身是不会发出光芒的，它们围绕行星运转，并且跟随行星围绕恒星运转。月球是地球唯一的卫星，它能够帮助地球平衡自转、稳定地轴、控制潮汐，还可以用来观测时间等。

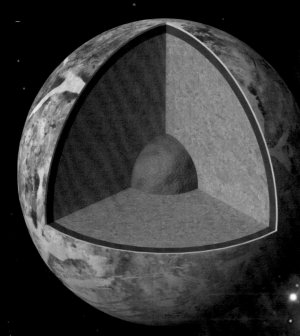

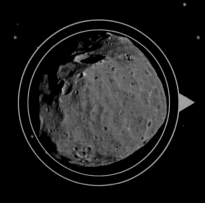

火星的卫星

　　火星有两颗卫星，分别为火卫一和火卫二。火卫一外形像一颗土豆，每天围绕火星转三圈，它的公转比火星的自转快得多，在火星上看它是西升东落的。火卫二的形状很不规则，它要比火卫一小。

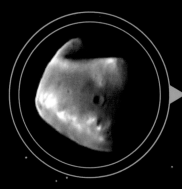

木星的卫星

　　木星拥有众多的卫星。在1610年，伽利略用自制望远镜发现了木卫一、木卫二、木卫三、木卫四，因此这四颗卫星被称为伽利略卫星。木星的其他卫星都比伽利略卫星暗，因此要用较大口径的望远镜才能观测到。木星的卫星轨道差异性很大，轨道形状的变化也极大，有的轨道方向和木星的自转方向相反。

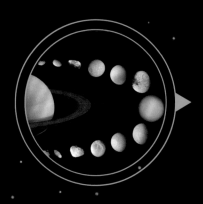

土星的卫星

　　土星是太阳系中卫星最多的行星，迄今为止被发现的卫星数量有82个。其中土卫六是已知唯一有大气的卫星，它绕土星运转一周是15.9个地球日。

系外行星

　　系外行星指的是太阳系以外的行星。虽然人们始终相信太阳系以外存在其他行星，但是在20世纪以前系外行星仍然是个谜。直到20世纪末人类才确认了系外行星的存在。随着观测技术的不断进步，我们观测到的系外行星的数量不断增加，因为大质量的行星比较容易被观测，所以最常见的系外行星往往是巨大的行星。我们所发现的系外行星，尤其是那些轨道位于宜居带的行星表面是极有可能存在液态水的，这个发现激发了科学家对外星生命搜寻的兴趣。

秒差距
　　秒差距（pc）是最古老的也是最标准的测量恒星距离的方法。

飞马座 51b 的发现

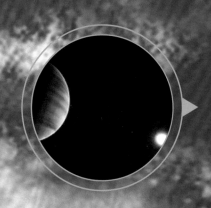

1995年10月6日，飞马座51b被日内瓦大学的麦耶和他的学生发现，它是第一颗在主序星周围发现的行星。飞马座51b是一颗热木星。它的发现展开了当代对系外行星的探索。并且，随着光谱学的发展，大大加快了人们对系外行星的探索速度。

什么是轨道共振

轨道共振是出现在天体运动中的各种共振的泛称。是当两个天体绕同一个中心天体运行时的轨道周期之比，接近简单分数时的运动现象。轨道共振分为不同类型，有一种叫平均运动轨道共振，是轨道共振中的主要类型，因此讨论轨道共振，一般都指平均运动轨道共振。还有一些其他共振类型，如长期共振、古在共振等。

类地行星与类木行星

宇宙中的天体种类繁多，行星就是其中之一。根据行星的成分可以分为类地行星和类木行星。类地行星是以硅酸盐作为主要成分的行星。在太阳系中位于前四位的类地行星，分别是水星、金星、地球、火星。而类木行星则是不以岩石为主要构成成分的行星，它们不一定有固体表面。在太阳系中也存在类木行星，它们分别是木星、土星、天王星和海王星。在宇宙中不同种类的行星构成了多姿多彩的行星系统。

类地行星

类地行星与类木行星有着很大的差别。类地行星具有一个铁的金属中心，外层是由硅酸盐构成的地幔，在类地行星的表面通常都有峡谷、火山和陨石坑。类地行星的大气层都是再生大气层，与类木行星有本质上的不同。

类木行星会被吹散吗

虽然类木行星大部分由气体构成，但是它们是不会被吹散的。通常它们具有很大的质量，并且形成了一个"星球"，质量越大，引力就越强，组成它的气体就会牢固地聚集在一起。类木行星不仅不会被吹散，还会利用自己强大的引力场将周边稀薄的星际物质吸引过来，使自己变得更大。但是如果遇上了星际爆发形成的"狂风"，那就不这么幸运了，这不是一般类木行星能够承受的，它们的气体包层很有可能被吹散、剥离。

行星的发现方法

太阳系以外是否存在行星？在20世纪末这个问题的答案一直都是个谜，随着科学技术的突飞猛进，我们逐渐拨开了宇宙的面纱，终于找到了这个问题的答案——太阳系以外是有行星存在的。截至目前，科学家们陆续发现了上千个太阳系以外的行星系。那么人类到底是如何发现系外行星的呢？

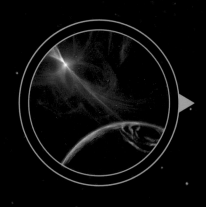

脉冲星计时法是怎样探测行星的

发现行星的方法有很多种，除了凌星法、微引力透镜法，还有一种叫作脉冲星计时法。它是通过观测脉冲星的信号周期来判断行星是否存在的。一般情况下脉冲星的信号周期是非常稳定的，如果脉冲星有一颗行星，那么它的信号周期就会发生改变，行星就是这样被发现的。

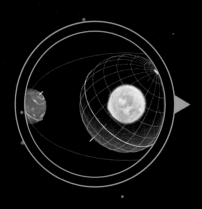

视向速度法是如何探测行星的

人们通过恒星光谱线的红移，测量恒星沿视线方向的运动速度。假如恒星有一颗行星，行星的引力就会导致恒星出现周期性的前后摆动，也就是它的视向速度呈现周期性的变化，表现在光谱上就是光谱呈现周期性的红移，这样就能观测到行星的存在了。

天鹅座 16Bb 的出现

1996年，天鹅座16Bb被科学家们发现。天鹅座16B是一颗黄矮星，天鹅座16Bb是它的行星，并且天鹅座16B是我们最早发现的拥有行星的恒星之一。由于系统间的潮汐引力效应导致天鹅座16Bb的轨道偏心率极大，这也意味着该行星具有极端的季节效应。

如何进行行星探测

一直以来，人类都没能深入地对行星进行探测，直到行星探测器的出现才为行星研究打开了新的局面。从20世纪80年代开始，各个国家就陆续发射各种探测器对行星进行探索。如"水手"4号就拍下了火星的第一批照片。后来行星探测器可以在行星表面着陆，直接探测行星的大气、温度、气压等，并且能够对其表面进行细致的分析与探测。

适宜居住的行星

　　为什么人类能够在地球上生存？地球与其他星球有什么不同，为什么地球最适合人类居住？宜居行星是指最适宜人类生存的行星，多年来科学家们一直试图在宇宙中找到第二个适合人类生存的行星，以备地球资源枯竭时，人类可以移居到这些星球上。但是地球在宇宙中诞生的时间太早了，它经过了亿万年的演化才变成现在的样子，在这个过程中存在诸多随机性，想要找到类似的星球确实不是一件容易的事。但是科学家们仍然没有放弃继续探索的脚步，对找到其他宜居行星仍抱有热情与希望。

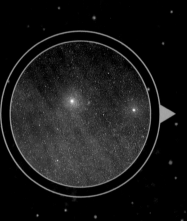

最像地球的行星

　　天文学家在2013年宣布了一件振奋人心的消息，那就是开普勒空间望远镜观测到了太阳系外"最像地球"的行星，这一发现让人类离找到宜居行星的目标更近了一步。有两颗行星位于开普勒62行星系统的宜居带中，理论上在其表面会存在液态水甚至大气，但它们是否有生命存在还需要进一步探测。

宜居行星需要具备哪些条件

　　一颗行星在变成宜居行星的过程中必定经历了一系列概率极低的巧合和机遇。首先，它所围绕的恒星大小要适中，行星能够接收到适宜的光照，拥有适宜的温度，并且这颗恒星必须非常稳定，最好是颗单星，在其外轨道上最好存在几颗大行星充当"保镖"。其次这颗行星必须是以硅酸盐岩石为主要成分的行星，还需要具备和地球类似的大气层，地壳活动不能太剧烈，还要有磁场的保护。由此可见孕育生命不是一件容易的事。

类地行星有哪些

科学家发现了一颗名叫比邻星b的行星，它是一颗类地行星并且存在于最邻近地球的恒星系统的宜居带中。科学家还探测到了1颗存在潜在生命的邻近类地行星，它是沃尔夫1061c。

小行星与近地小行星

　　小行星带的位置在火星和木星之间，它就像是一个"垃圾堆"，自从太阳系形成以后，那些小行星就被困在此处。小行星顾名思义就是体积较小的行星，数以百万的小行星存在于小行星带之中，不过它们的质量很小，其质量的总和仅为地球质量的0.04%。天文学家曾经认为，原来可能存在许多小行星，足以形成一颗火星大小的类地行星，但是由于太阳和木星的引力，使得小行星遭到了吞噬，或者逃离了太阳系。此外因为木星具有强大的引力，所以其他小行星也无法凝聚成一颗行星。这些小型天体的形成年代也非常久远，就像是行星形成过程中的化石。

小行星有哪些类型

　　小行星也有它们的类别，它们可以根据成分、光谱和反照率分为几类。其中S型小行星是主带内侧最常见的，它们通常是由硅酸盐组成的。颜色非常暗的属于C型，含有大量的碳元素。M型小行星在主带中间位置很常见，它们是金属质地，主要由镍和铁元素组成。

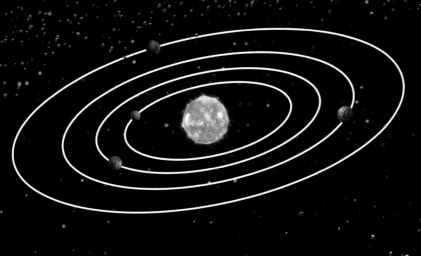

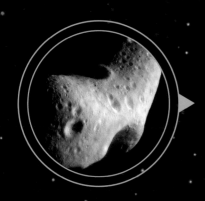

近地小行星

　　近地小行星指的是那些轨道与地球轨道相交的小行星。这种类型的小行星可能会有与地球撞击的危险，这并不是耸人听闻。为了避免这些"危险分子"，国际天文组织已经成立了监视和预警机构，对小行星进行了密切的监视与追踪。

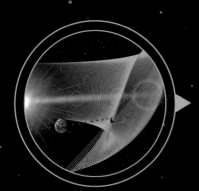

小行星可能会有撞击地球的危险

　　20世纪就发生过多次近地小行星威胁地球安全的事件。因此，我国国家天文台、紫金山天文台等有专门小组，监测和研究近地小行星。

行星系

　　行星系指的是什么？其实行星系就是行星系统，是指以行星为中心的天体系统。这些行星经过了数亿年的演化之后，与恒星一起逐渐形成了一个有规律的整体，它们之间由一种不可见的力量互相牵引着，虽然它们都有各自的轨道并且看起来都是独立的个体，但它们都是行星系这个大家庭不可分割的一部分。就像太阳与它的行星系统一并构成了太阳系。

其他行星系与太阳系有什么不同

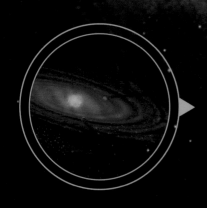

　　在太阳系中，行星是千姿百态、各式各样的，曾经天文学家认为这种现象是很正常的，但是随着天文学家对其他行星系的了解逐渐加深，发现事实可能并不是如此。天文学家搜集了大量的恒星以及它的附属行星数据，得到了两个信息：第一是相邻的行星体积相差不大；第二是行星的轨道分布均匀。也就是说知道了一颗行星的体积和轨道半径就可以预测这个行星系的其他行星的体积和轨道半径，而太阳系却不是这样的。

其他星系，并不像太
阳系这样杂乱无章。

行星系是怎么来的

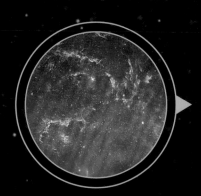

　　科学家一般认为，与太阳系相似的行星系是在恒星形成
的时候一同形成的。还有些科学家认为，在两颗恒星相遇的
时候，彼此的重力吸引会使恒星中的某些物质被吸出来，这
些被吸出的物质逐渐形成了行星，不过这种猜想被认为是不
可能发生的。人们还是更能接受行星系由星云产生的学说。

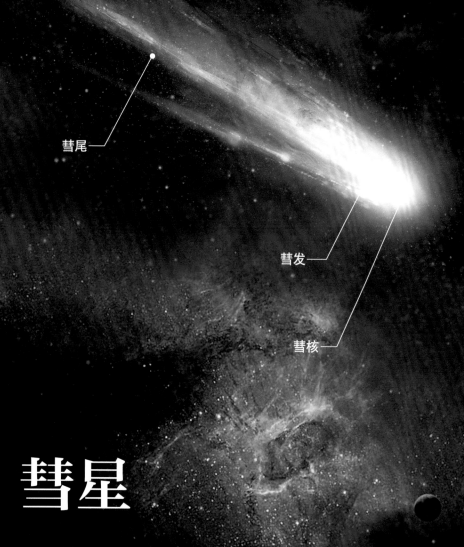

彗尾

彗发

彗核

彗星

彗星是太阳系中的小天体，是普遍存在的。彗星分为三个部分，分别是彗核、彗发、彗尾。其中彗核由冰和不易熔解的物质构成，当彗星靠近太阳的时候，会蒸发出彗发，并能够挥发出彗尾。彗星的轨道是并不具有严格意义上的圆锥曲线轨道。目前人们已经发现绕太阳运行的彗星有1700多颗。

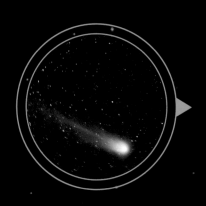

观测彗星

彗星甩着明亮的尾巴，常常让人认为它离地球很近，甚至就在我们的大气范围之内。而在1577年，第谷指出，当从地球上不同地点观测时，彗星并没有显示出方位的改变，这一现象让我们了解到彗星必定是在离我们很远的地方。

哈雷彗星

哈雷彗星是唯一能用裸眼直接从地球上看见的短周期彗星，也是人一生中唯一以裸眼可能看见两次的彗星。其他能以裸眼看见的彗星，也许会更加壮观和美丽，但那些都是数千年才会出现一次的彗星。

彗星的结构

彗星的体积不固定，当它远离太阳时，体积很小，接近太阳以后，彗发变得越来越大；彗尾也变得更长。彗尾最长时可达2亿多千米。彗发和彗尾的物质极为稀薄，质量更小。彗星主要由水、氨、甲烷、氰（qíng）、氮、二氧化碳等组成的。

彗头是什么

彗头就是彗星的头部，它包括彗核和彗发两部分。后来经过了人造卫星对彗星近距离的探测，发现有的彗头的外面被一层由氢原子组成的巨云所包围，人们管它叫作"彗云"或者"氢云"。所以有的彗头是由彗核、彗发和彗云组成的。彗头根据不同的形状和组成特点分为无发彗头、球茎形彗头、锚状彗头等。

彗发

彗发存在于彗核周围。彗发中气体的主要成分是中性分子和原子，其中包括氢、羟（qiǎng）基、氧、硫、碳、一氧化碳、氨基、氰、钠等。

彗尾

彗尾是在彗星接近太阳时出现，逐渐由短变长。虽然彗尾的体积很大，但是它的物质却很稀薄。彗尾的形状五花八门，有的细而长，有的短而粗，有的呈扁形，有的呈针叶状。

彗核是什么样子的

彗核是彗星最重要、最本质的部分。但是彗核的直径很小，小的几千米，大的达40千米。科学家认为它是固体的，由冰和不易熔解物质组成。

著名的彗星

　　我们都知道彗星是冰和不易熔解物质的凝结物，它就像是一团脏脏的雪球，跟地球一样也需要绕太阳公转，但它要走更遥远的路。每当彗星靠近太阳时我们就能见到它，太阳的热量会让彗星蒸发出名为彗发的尘埃包层，并能够挥发出由气体和尘埃组成的彗尾。因此彗星也是很漂亮的奇观。要说最著名的彗星，哈雷彗星当之无愧，它是彗星中比较著名的短周期彗星，每隔75~76年就会在地球上观测到，人的一生最多能经历两次它的来访。

威斯特彗星

　　威斯特彗星属于非周期彗星，又被叫作大彗星。它被认为是20世纪最漂亮的彗星之一。威斯特彗星在1976年2月通过近日点，最大亮度达到了-3等，即使在白天也能通过裸眼看到，彗尾呈现扇形。

根据雷达探测，彗核大到 40 千米，小到几千米，为黑灰色。

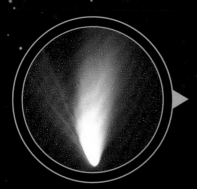

世纪彗星

　　海尔·波普彗星之所以被称为"世纪彗星"是因为它具有超长的周期。海尔·波普彗星位于木星轨道外，是由天文爱好者发现的距离太阳最远的彗星，它过近日点时的亮度为-1.4等，即使在城市中也能通过裸眼看到。

177

流星体

　　流星体是分布在星际空间的颗粒状的碎块。流星体进入地球（或其他行星）的大气层之后，在路径上发光并被看见的阶段则被称为流星。流星，与大气层摩擦后产生了光和热，最后大部分被燃尽，少部分则会坠落到地球表面，称之为陨石。流星分为单个流星、火流星、流星雨。

火流星

　　火流星看上去非常明亮，还会发出"沙沙"的响声或者爆炸声。当火流星消失以后，有时会留下云雾状的长带，它被叫作"流星余迹"，可存在几秒钟到几分钟，甚至几十分钟。

流星体

　　在宇宙中分布着各种各样的小碎块，它们都是由彗星衍生出来的。当彗星接近太阳的时候，太阳的热量和强大的引力会使彗星一点一点地蒸发，随后在自己的轨道上形成许多尘埃，这些被遗弃的尘埃凝聚成颗粒状的小碎块就是流星体。

流星体原本是围绕太阳运动的，但是当它经过地球附近时，会受到地球引力的作用，从而改变轨道，进入地球大气层。

观测流星雨

　　一个晴朗的冬夜，来到郊外璀璨的夜空下，如果你足够幸运，就能捕捉到流星转瞬即逝的身影。面对漫天的繁星，仅仅凭借记忆是很难判断流星雨爆发的那片天区，这时，我们就要借助星图来判断了。观测流星雨就像看球赛，用望远镜拉近距离，流星亮度增大，能够欣赏得更加尽兴。但由于视野变小，观测到的概率变小了，这更加考验你的耐心。

流星雨有什么规律

　　流星雨的出现有什么规律呢？在同一天中，流星雨出现的概率以黎明前为最大，傍晚时为最小。在一年之中，下半年的流星雨数量要比上半年多，秋季的流星雨要比春季多。

陨石

　　陨石又叫作陨星，是地球以外的流星或尘埃碎块脱离原有运行轨道的飞快散落到地球或其他星体表面的物质。全世界收集到的陨石有4万多件，它们大致分为三大类：石陨石、铁陨石和石铁陨石。陨石指坠落到地球表面的陨星残体，由铁、镍、硅酸盐等矿物质组成。在含碳量高的陨石中还发现了大量的氨、核酸、脂肪酸、色素和11种氨基酸等有机物，因此，也有人认为地球生命的起源与陨石有着某种关系。

吉林1号陨石

　　吉林陨石中最大的一块陨石为吉林1号陨石，它在冲击地面时造成蘑菇云状烟尘，并且形成一个6.5米深，直径2米的坑。这块陨石重达1770千克，属于H球粒陨石，呈棕黑色，上有气印，它是世界上已知最重的石陨石，它冲击地面造成的动荡相当于1.7级地震。现陈列于吉林市博物馆作为展品展出。我们可以到博物馆仔细观察。

吉林陨石雨

吉林陨石雨是发生在中国吉林市北郊的一次流星雨天文事件。在1976年3月8日下午，一颗流星穿越大气层时，分裂成许多小流星，小流星迅速从空中落向地面形成了陨石。此次事件收集到的陨石总重量达2吨以上。陨石坠落时，没有造成一丝一毫的伤害，这在世界陨石坠落历史中都是非常罕见的。

吉林1号陨石

撞击坑

　　撞击坑就是我们熟知的陨石坑，是行星、卫星、小行星或其他类地天体表面经过陨石撞击而形成的环形的凹坑，因此它又被叫作环形山。在一些会经历风化过程的天体中撞击坑可能会消失不见，就像地球上的风沙堆积会将撞击坑掩盖，而像木卫四这样表面是冰，随着时间的流逝就会慢慢流动，撞击坑也会随之消失。几乎所有固体表面的行星和卫星都存在撞击坑，在地球上大约可以找到150个可以辨认出来的撞击坑。有些撞击坑可以通过密度来判断它形成的年代。

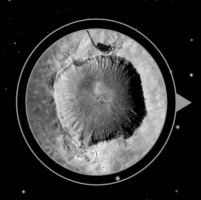

水星上的撞击坑

　　2009年从"信使"号水星探测器获得了一个观测资料，该资料展现出之前从未见过的水星30%的表面。此外还发现了一个巨大的撞击坑和古代火山的证据。

撞击坑有什么特征

　　一般撞击坑的直径约为冲击体直径的50倍，而被抛出坑外的岩石体积约为冲击体体积的几百倍，抛射物沉降区的直径约为撞击坑直径的2倍。

黄道与黄道星座

地球绕太阳公转的轨道平面与天球相交的大圆，叫作黄道。黄道是太阳轨道在天球上的投影。在地球上看，黄道接近于太阳在天球上做周年视运动的轨迹，只有精密的仪器才能察觉其中的变化。黄道和赤道平面分别相交于春分点和秋分点。在现代天文学中黄道星座有13个。

黄道星座

黄道星座就是我们熟悉的十二星座，它们分别是白羊座、金牛座、双子座、巨蟹座、狮子座、室女座、天秤座、天蝎座、人马座、摩羯座、宝瓶座、双鱼座。后期又加入了一个蛇夫座，变为黄道十三星座。

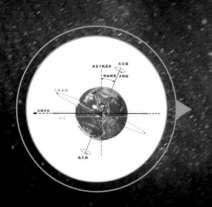

黄极和黄经是什么

黄极是垂直于地球绕着太阳的轨道面——黄道面的线与虚拟的天球相交会的点。黄极分为北黄极和南黄极。通过黄极与黄道垂直的大圈叫作黄经，其中经过春分点的黄经是黄道坐标系中的起始圈。

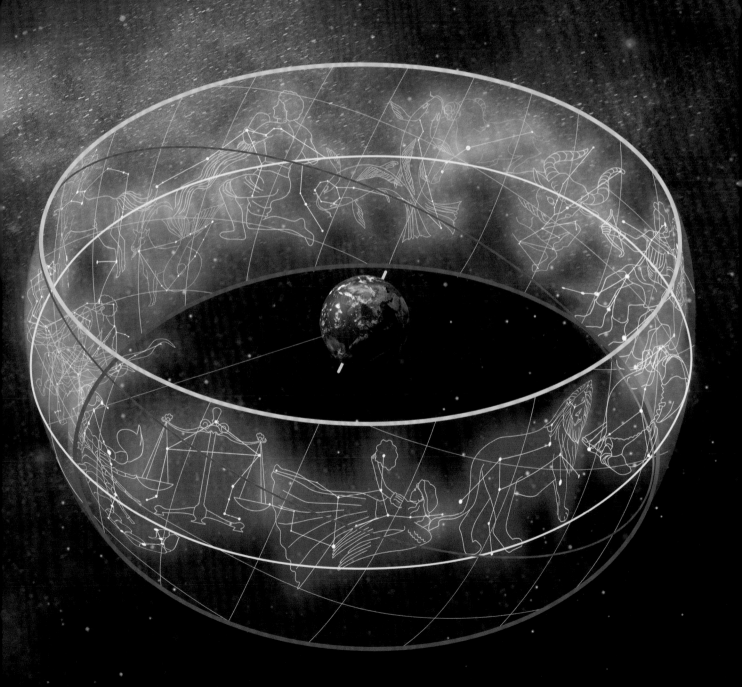

黄道坐标系

　　黄道坐标系是以黄道为基圈，以经过春分点的黄经圈为始圈，以春分点为原点组成的天球坐标系。

白羊座

　　白羊座是黄道星座之一，古代春分点就位于白羊座，但现在由于岁差的关系，春分点已经移到双鱼座。白羊座是个拥有较少恒星的小星座，人们将它想象成一只公羊，因此被称为白羊座。白羊座上的娄宿三与娄宿一是视星等分别为2.0等和2.64等的明亮恒星，而其他恒星都非常暗淡，亮度在4～7等之间。在白羊座的附近有三颗恒星组成了一个三角形，这个三角形就是三角座，它拥有漂亮的M33天体，M33天体是一个位于300万光年以外的旋涡星系，因为它位于三角座内，所以也常被称为是三角座星系。三角座星系和仙女星系与银河系属于本星系群。

外形的特点

　　白羊座是一个小型星座。白羊座中主要的三颗星排列的形状像是一只羊角，从秋末一直到春天来临，它们总在天空中闪烁着微光，还是比较好辨认的。

白羊座星座神话是什么

　　在一个古老的王国，国王的新皇后嫉妒国王前妻的一双子女受到百般宠爱，于是新皇后将麦子炒熟之后发给农夫，然后将不能播种的责任归咎于国家受到了诅咒，诅咒的源头就是王子和公主，于是不知情的农夫要求国王杀死王子和公主，国王无奈只好处死王子和公主。王子和公主的生母知道以后向宙斯求助，于是宙斯派了一只有着金色长毛的公羊前去营救，这只公羊后来就成了天上的白羊座。

如何观测

　　位于金牛座西南，双鱼座以东，是黄道第一星座。每年12月中旬晚上8点，白羊座会准时出现在天空。秋季星空的飞马座和仙女座的四颗星组成的四边形，向东延长北面的两颗星一半的距离，我们就可以看到白羊座了。其中有两颗最明亮的星星就是白羊座的两只角。

金牛座

　　金牛座是一个古老的星座，位于双子座与白羊座之间，横跨于黄道之上；面积797.25平方度，在全天88个星座中，位列第17。金牛座中亮于5.5等的恒星有98颗，其中最亮的星为毕宿五，它是一颗橙色巨星，亮度是太阳的150倍，视觉上处于"V"形的毕星团之上，但并不是毕星团的成员。毕星团是离太阳最近的明亮疏散星团，也是离我们最近的成员星较多的星团。金牛座中另一个比较有名的星团叫作昴（mǎo）星团，又叫作"七姊妹星团"，那里有许多明亮的恒星，其中最亮的星组成了一个直径有月球两倍大的光斑。在金牛座中还有蟹状星云，那是超新星爆发后留下的残骸。

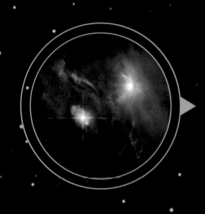

金牛座特征

　　金牛座是北半球冬季星空中最大、最著名的星座之一。它的西面是白羊座，东临双子座，北靠英仙座及御夫座，西南临猎户座，东南临波江座和鲸鱼座。金牛座的毕宿亮星呈"V"字形结构，又称为"金牛座V字"，其中橘红色的毕宿五是天空上极少的一等星之一。在金牛座中用肉眼可以看见昴星团和毕星团两个疏散星团。

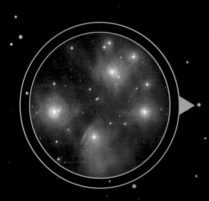

美丽的昴星团

　　昴星团是由数百颗年轻的蓝色恒星组成的，而且它们是在同一片星际尘埃气体云中一同诞生的。昴星团就沐浴在这样的蓝色反射星云之中。

金牛座星座神话是什么

　　天神宙斯游历人间的时候被一个国家的公主吸引，回到天上依然念念不忘。公主经常会在牧场和牛群玩耍，于是宙斯就化身为牛混入牛群中。公主发现了一个特别会唱歌的牛，歌声如天籁一般动听，公主被深深吸引，靠在它身上听它歌唱，这时这只牛突然背起公主飞到了一个美丽的地方，然后这只牛变回了宙斯的模样向公主表白，于是公主接受了宙斯的爱，他们一同回到天上生活。宙斯为了纪念这段爱情就将这只公牛化作了天上的金牛座。

双子座

　　双子座在希腊神话中代表着一对孪生兄弟，他们手牵手永不分离，化成了天上的两颗恒星，分别是北河二与北河三。北河二是六合星，是由三对双星组合而成的聚星，它们彼此受引力束缚。北河三在距离北河二18光年的地方，闪烁着明亮的黄色光芒。在双子座中包含了很多有趣的天体，M35就是一个肉眼可见的疏散星团。每年的1月5日子夜双子座中心会准时经过上中天。

双子座详解

　　双子座是黄道星座之一，面积为513.76平方度，在全天88个星座中，面积排在第30位。其中亮于5.5等的恒星有47颗，最亮星为北河三，也就是双子座β星，视星等为1.14。仅次于它的是双子座α星，亮度为1.58等。

双子座星座神话是什么

　　在希腊神话中，天神宙斯被公主勒达的美貌所吸引，于是宙斯化身为一只天鹅接近勒达，并与她生下了一对孪生子——神之子波拉克斯和人之子卡斯托，两人都是勇士，经常立下大功。一天他们和堂弟去抓牛，他们抓了很多牛准备平分，可是贪心的堂弟将牛全部带走了。他们发生了争吵，堂弟用箭刺死了卡斯托，伤心的波拉克斯也想随他而去，却因自己拥有永久的生命而无法如愿。宙斯被他所感动，将他们立为星座。

双子座位于哪里

　　双子座到底在天空的什么方位呢？它西临金牛座，东临黯淡的巨蟹座，北边是御夫座和非常不明显的天猫座，在它的南边是麒麟座和小犬座。在远离光污染的地带，我们能够看到稀薄的银河从双子座西部经过。

巨蟹座

巨蟹座是黄道星座之一，它的面积为505.87平方度。在巨蟹座中，亮于5.5等的恒星有23颗，其中最亮星为柳宿增十，也就是巨蟹座β星，视星等为3.52。其实巨蟹座是一个比较暗淡的星座，它的面积不大，也没有亮星，因此是非常难找到的，但是它在众星座中有着至关重要的地位。巨蟹座是夏天开始的第一个星座，它平衡着一个至日的起点，太阳在进入巨蟹座后夏至开始。每年的1月30日子夜巨蟹座中心准时经过上中天。

巨蟹座方位

暗淡的巨蟹座非常难以辨认，那么它到底身在何方呢？它位于双子座和狮子座之间，北面临天猫座，南面临小犬座和长蛇座，是一个暗淡细小的星座，没有亮于3等的恒星。其中比较亮的3颗恒星α、β、δ组成一个"人"字形结构。巨蟹座的中心位置在赤经8时10分，赤纬20度。

巨蟹座的秘密

在暗淡神秘的巨蟹座中拥有一个具有无数秘密的M44星云，这个神秘的星云具有强大的吸引力，在天文观测中，许多天文爱好者发现了很多独特的星体。在巨蟹座的中央，有一团神秘的白色雾气，之前人们都叫它"尸积气"，经过研究发现，它其实是一个疏散星团，命名为"鬼星团"，它正在向远离地球的方向移动着。

巨蟹座星座神话是什么

传说赫拉克勒斯是天神宙斯的儿子，他勇猛无畏，是世间最强壮的人。一次他接到赫拉陷害他的命令——要求赫拉克勒斯杀死一头沼泽里的九头蛇，众所周知九头蛇是非常难对付的，赫拉克勒斯想出火烧九头蛇的办法，最后九头蛇被成功烧掉了八个头，眼看赫拉的计划要失败，她又派出巨大的螃蟹帮助九头蛇，不过最终九头蛇也没有取胜，螃蟹也战死，但赫拉看在它牺牲自己的忠诚表现，将它化为了天上的巨蟹座。

狮子座

　　狮子座是黄道带星座之一，面积有947平方度，在全天88个星座中排列第12位。它的外形就像是天空中的一头巨狮，狮子座中亮于5.5等的恒星有52颗，其中最亮的星为轩辕十四也就是狮子座α星，它的视星等为1.35。狮子座还具有许多星系，其中M65、M66与M105的视亮度都在9～10之间。狮子座内有一个很著名的流星群，每年11月中旬出现。

狮子座星座神话是什么

　　天神宙斯与凡人阿尔克墨涅生下了赫拉克勒斯，赫拉克勒斯是一个众人皆知的大英雄。神后希赫经常对赫拉克勒斯刻意刁难，赫拉克勒斯要升格为神，必须通过十二道难关。第一件事就是取墨涅亚巨狮的皮毛。墨涅亚巨狮以凶狠残暴著名，但赫拉克勒斯毫不惧怕，他躲在树丛里，趁机向巨狮射出一箭，却被狮子坚硬的皮肉反弹回来。狮子大怒向他扑来，经过一番厮杀，赫拉克勒斯终于勒死了这头巨狮。后来他用狮皮制作成盾牌，狮子的上下颚制作成战盔。宙斯为了表扬他的勇敢，便把墨涅亚巨狮化为了狮子座。

狮子座方位
　　狮子座在巨蟹座之东，室女座、后发座之西。

狮子座的外形就
是一头巨狮的形象，
是非常好辨认的星座。

狮子座的历史

　　狮子座已经有千年的历史。在4000多年前
的古埃及，每到仲夏太阳移到狮子座天区时，
尼罗河的河谷就会有大量狮子在沙漠中聚集，
乘凉喝水，狮子座因此而得名。在托勒密列出
的48个星座中，狮子座包括后发座天区，在古
代后发座天区被认为是狮子尾巴上的毛。

室女座

其实室女座就是我们所熟知的处女座，是黄道带星座之一。室女座横跨于天赤道之上，面积有1294.43平方度，在全天88星座中，面积位列第2，仅次于长蛇座。此外，室女座中包含一个壮丽的室女星系团，它是一个庞大的聚合结构，在引力的束缚下，将数千个星系集中在一起。室女座还有个名字叫后发—室女星系团，因为它一直延伸到了临近的后发座。在这附近还有著名的草帽星系和M87，M87是银河系附近大质量星系之一，它位于室女座星系团南侧，可使用双筒望远镜进行观测。

室女座星座神话是什么

室女座的故事最早出现在荷马的赞美诗之中，是描写有关农业女神德墨忒尔的故事。德墨忒尔是希腊神话中司掌农业的女神，也被称为丰饶女神，为奥林匹斯十二主神之一。世间一切的花草、蔬菜、水果等都归她管辖。德墨忒尔与宙斯生下了女儿珀耳塞福涅，珀耳塞福涅被冥王哈迪斯抓去做了冥后，德墨忒尔十分想念她的女儿，宙斯就下令让她们母女每年有3个月的相聚时间，但必须到山洞里去生活，这样大地上便是冬天了，所以冬天的夜空我们就看不到室女座了。

室女座中最亮的一颗星为角宿一也就是室女座α星，它的视星等为0.98。

每年的4月11日子夜室女座中心经过上中天。

室女座星图

　　室女座的名字是由古代流传下来的。在古代，室女座被赋予丰收的意义。有时也被认为是正义女神，而她附近的天平正是衡量善恶的秤。顺北斗勺把儿的弧线，就可以找到牧夫座大角星，继续向南就能找到一颗亮星，那就是室女座α星。

天秤座

　　天秤座寓意着公平与正义。天秤座并不是一个很明亮的星座，不过它的面积很大，是黄道星座之一。天秤座位于室女座与天蝎座之间，星座中有四颗最亮的3等星，分别是α星、β星、γ星和σ星，它们共同组成了一个四边形，其中β星就是氐宿四，它又和春季大三角构成了一个大的菱形，我们可以根据这个标志来寻找天秤座。在北极圈以外的纬度上我们都能观测到天秤座。

氐宿四

　　氐宿四是天秤座β星，它是天秤座中最亮的星，是全天唯一一颗肉眼可见的绿色星，但是这绿色并不是它原本的颜色，只不过是因为经过了大气层的折射而已。它的星等为2.6等，它是一个双星系统，伴星是一颗K2V型的橙矮星，但是两颗子星质量相差很大，因此主星的毁灭时间要比伴星还快。

天秤座的历史

　　天秤座的星群很早就被发现了，但是托勒密并没有将它划分为一个独立的星座。在托勒密星座中，天秤座的星属于天蝎座的蝎爪。

天秤座 α 星是一个目视双星，由亮度 5.2 的 α1 与亮度 2.8 的 α2 所构成，呈蓝白色。

天秤座星座神话是什么

　　相传天秤座是希腊神话中的正义女神阿斯特里亚在做善恶评判时所用的天平。她一手拿天平，一手握斩除邪恶的剑。人类曾经和神和平共处于同一大地上，由于人类的生命有限，寂寞的神不断地创造人类，可是人类好斗，横行霸道，于是失望的神回到了天上。阿斯特里亚女神不舍得离开，在世间教人为善，但是人类仍然继续堕落，她最终放弃人类回到天上，于是就有了天上的天秤座。

天蝎座

　　天蝎座的形状就像是一只翘着尾巴的巨型蝎子，尾钩没于银河之中。天蝎座是黄道星座之一，位于南半球天秤座和人马座之间，是一个临近银河中心的较大星座。在天蝎座中有一些明亮的恒星，最值得一提的就是心宿二，它是一颗亮度极高的红超巨星，它的大小相当于太阳的400倍，亮度能达到太阳的1万倍。心宿二散发着橙色光芒，这刚好与火星的颜色相近，因此它的英文名字为"火星的对手"。邻近心宿二我们可以找到M4，它是一颗球状星团，我们可以用小型望远镜来观测。天蝎座中还有一对明亮的大型疏散星团M6和M7，这是我们用肉眼就能看到的星团。

天蝎座方位

　　天蝎座位于黄经从210°～240°，每年10月23日前后太阳会运动到这一宫，这时的节气正好是霜降。在夏天的夜晚八九点的时候，在南方地平线附近有一颗亮星，这就是天蝎座α星，也就是心宿二。α星恰恰位于蝎子的胸部，因此西方人们都称它为"天蝎之心"。

M7 疏散星团

　　天蝎座中的M7疏散星团是天空中最著名的疏散星团之一，它位于天蝎座的尾部，在夜晚时分我们用肉眼就可以见到它。这个星团拥有许多蓝色的亮星，它距离我们有1000光年，由100多颗恒星组成，年龄在两亿岁左右。在古代人们就开始观测M7疏散星团了，托勒密于公元130年就做了关于它的观测记录。

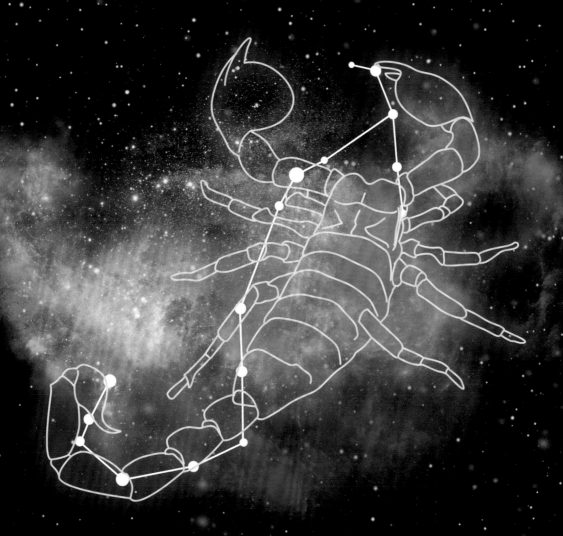

星座神话

　　奥利翁是海神波塞冬的儿子，高大英俊又擅长狩猎，他曾说，没有任何猎物能够逃过他的手心。他的自大心态激怒了天后赫拉，于是赫拉派了一只毒蝎子攻击奥利翁，没想到奥利翁一时不察被毒蝎蜇到而毒发倒地，正好压死了这只毒蝎。从此它便成了天上的天蝎座。

蛇夫座

　　蛇夫座是赤道带星座之一，每年约11月29日，太阳会从蛇夫座穿越，一直到12月17日进入人马座。1928年，国际天文学联合会的天文学会上决定将蛇夫座定为黄道上的第十三个星座。但是蛇夫座并不属于占星学中的黄道十二星座。蛇夫座既大又宽，呈长方形，天球赤道正好穿越这个长方形。在蛇夫座中最亮的星为蛇夫座α，是颗视星等为2.08等的白色巨星，距离我们47光年。它还拥有离太阳第二近的恒星——巴纳德星，它是一颗距离我们5.87光年的红矮星。

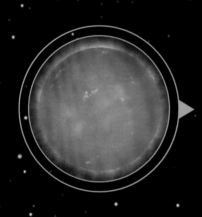

巴纳德星

　　这颗星是在1916年被美国科学家巴纳德发现的。从地球上看巴纳德星位于蛇夫座β的东方。它距离太阳系5.87光年，是仅次于南门二的太阳第二近邻。从地球看去，它是全天运动最快的星，它在天球上大约每189年就会运动一个月球月面的距离。巴纳德星在朝着太阳系方向运动，或许再过数千年，它就会变为距离地球最近的恒星，可能有行星围绕其旋转。

蛇夫座的位置

　　从地球看去蛇夫座位于武仙座以南，天蝎座和人马座以北，在银河的西侧。蛇夫座是所有星座中唯一一个与巨蛇座交接在一起的，蛇夫座将巨蛇座拦腰折断，同时，蛇夫座也是唯一一个兼跨天球赤道、银道和黄道的星座。

蛇夫座星座神话是什么

　　传说阿斯克勒庇俄斯是医学之神，它是阿波罗和科洛尼斯之子，他的双手捧着巨蛇。因他救了科洛尼斯的性命而违背了天条，于是用天雷将阿斯克勒庇俄斯击毙。宙斯知道以后将他列入了星座之中，于是就有了蛇夫座。因为阿斯克勒庇俄斯备受人们尊敬，人们在耶匹它乌鲁斯为他建了一座神殿。变成蛇夫座以后他双手里握着一条蛇，那是因为他生前常用蛇的毒来做药。

人马座

人马座就是我们熟悉的射手座，在黄道星座中排列第9。它的面积为867.43平方度，在全天88个星座中，面积排在第15位。人马座所在的位置就是银河系的中心区域，这是银河最亮的部分，这片区域包含了众多奇妙的天体，就像是一个天体的"宝库"。由于银心位于人马座的恒星和尘埃之后，所以我们无法直接用肉眼观测到。星座中亮于4等的星有20颗，其中最亮星为箕宿三也就是人马座ε星，视星等为1.85。在人马座中有一个弥漫星云——M8，它是我们可以用肉眼直接观测到的。在每年的7月7日子夜人马座中心会经过上中天。

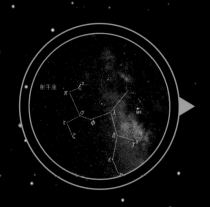

你知道什么是"南斗"吗

在人马座中也有一个勺子的形状，那是由μ、λ、φ、σ、τ、ζ六颗星组成的，勺子最前端的ζ和τ两颗星的连线指向牛郎星，在我国古代这个勺子被称为"南斗"，但它只有六颗星。还有一个关于它的口诀："北斗七星南斗六。"不过南斗六星只有一颗2等星，其他都是比较暗淡的星，所以远不如北斗七星那样一目了然。

人马座方位

在晴朗的夏夜，从天鹰座的牛郎星沿着银河向南就可以找到它。人马座正对着银心方向，所以附近众星云集。在南斗σ和λ两星连线向西延长一倍的地方，我们可以找到一小团云雾样的东西，这就是星云。在望远镜里看上去，它是由三块红色的光斑组成的，十分漂亮，它被叫作"三叶星云"。在人马座中还有一个星云很像马蹄子的形状，它被叫作"马蹄星云"。

在晴朗的夏夜，从天鹰座的牛郎星沿着银河向南就可以找到人马座。

人马座星座神话是什么

　　传说在山林中，生活着半人马族，他们上半身是人，下半身是马。个个性情暴躁，嗜酒如命，只有喀戎与众不同，且具有不死之身。一次喀戎被赫拉克勒斯的剑误伤，喀戎虽然不会死，但是每天都被剧毒折磨得疼痛不已。当时普罗米修斯因为偷了天火给人类使用，正被宙斯绑在高加索山上受苦刑。喀戎决定将自己与普罗米修斯交换。众神被他感动，将喀戎升入夜空成为人马座。

摩羯座

　　摩羯座又叫作"山羊座"，是黄道带星座之一，面积为413.95平方度；在全天88个星座中位列第40。位于射手座以东，水瓶座以西。虽然它只有一颗亮星，但是它整体呈现为一个倒三角结构，轮廓清晰，非常容易辨认。摩羯座中亮于5.5等的恒星有31颗，摩羯座δ是其中最亮的星，也叫作垒壁阵四，视星等为2.81。其中摩羯座α星是一颗肉眼可见的双星，这是一个光学双星，两颗子星并没有物理学上的联系，但是这两颗星在同一方向，所以给人造成两颗星在一起的感觉。每年的8月8日子夜摩羯座的中心会经过上中天。

摩羯座星座神话是什么

　　牧神潘恩因长相丑陋，日日看管着宙斯的牛羊，却不敢与众神一起歌唱。他一直爱慕着神殿里弹竖琴的仙子，却不敢向她表白。一天，正当众神欢聚的时候，多头百眼兽突然蹿进了大厅。仙子被吓坏了，眼看怪兽冲着仙子而去，此时潘恩却猛地跳了出来，抱起仙子就跑，跑向了可以把人变成鱼的湖泊。他把仙子高高擎在手中，自己站在湖泊的中央。怪兽没办法，只好放弃。仙子非常感激他，但是此时潘恩的下半身已经变成了鱼。宙斯以他的形象创造了摩羯座。

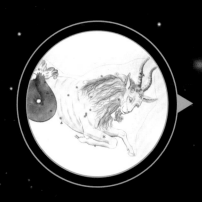

摩羯座的形态

　　天空中的摩羯座其实一点都不像山羊。它的身体、头和角组成的图像更像一只正在飞舞的蝴蝶。仔细看看星图中的摩羯座，它身上的不同方位还有许多的小点，就好像我们在花园里看见的花蝴蝶身上点缀的花纹，非常美丽。摩羯座的几颗主星构成了一个倒三角形，又像是一把"V"字形的回力镖。

宝瓶座

　　宝瓶座就是我们所熟知的水瓶座，是黄道十三星座之一，面积为979.85平方度，在全天88个星座中，面积排在第10位。它位于黄道带摩羯座与双鱼座之间。周围被许多与水有关的星座包围着，如海豚座、波江座、双鱼座和鲸鱼座。宝瓶座是一个很大但是很暗的星座，星座中亮于5.5等的恒星有56颗，其中最亮星为虚宿一也就是宝瓶座β，视星等为2.90。

宝瓶座位置

　　宝瓶座很大但是比较暗淡，它坐落在黄道带摩羯座与双鱼座之间，它的东北边靠着飞马座、小马座、海豚座和天鹰座，西南边是南鱼座、御夫座和鲸鱼座。把飞马座的β和α星一直向南延伸到1.5倍远的地方，会发现一片比较暗的星，这里有一大片暗星，它们共同组成了宝瓶座。

宝瓶座星座神话是什么

　　宙斯化为大鹰下凡寻找一位为众神添加琼浆玉露的侍者，他在凡间遇到了一个王子名叫甘尼美提斯，他觉得这个少年非常适合，于是便带回了天上。老国王发现甘尼美提斯失踪后伤心欲绝，急忙派人四处寻找，但是都没有找到。一天他仰望星空的时候却看见他的儿子甘尼美提斯正提着水瓶在倾倒清水，才晓得儿子已登天界，出任众神之宴的侍者之职，成了宝瓶座。

在每年的
8月25日那天
子夜宝瓶座中
心经过上中天。

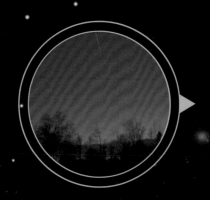

宝瓶座流星雨

　　宝瓶座流星雨是以宝瓶座附近为辐射点出现的流星雨，在一年之中会出现三次。第一次在每年的4月19日至5月28日前后出现，被叫作宝瓶座 η 流星雨，在5月5日达到峰期，它的母体是哈雷彗星。第二次出现在每年的7月12日至8月19日前后，叫作宝瓶座 δ 南支流星雨，在7月28日达到峰值。第三次出现在每年的7月15日至8月25日前后，称为宝瓶座 δ 北支流星雨，于8月8日达到峰值。

双鱼座

双鱼座是黄道星座之一，它的面积有889.42平方度，在全天88个星座中面积排行第14位。双鱼座的星图呈"V"形，我们可以将它看作两个尾部相连的鱼。双鱼座虽然是比较大的星座，但是在双鱼座中不存在亮于3.5等的恒星，其中亮于5.5等的恒星有50颗，最亮星为右更二也就是双鱼座η星，视星等为3.62。双鱼座最大的特点是它有两个非常容易辨认的双鱼座小环，一个位于飞马座南面由双鱼座β、γ、θ、ι、χ、λ等恒星组成的六边形小环，另一个双鱼座小环位于飞马座东面，由双鱼座σ、τ、υ、φ、χ、ψ等恒星组成。在双鱼座中还存在一个梅西耶天体，那就是M74，它位于双鱼座最亮星右更二附近。每年的9月27日子夜双鱼座的中心经过上中天。现在的春分点位于双鱼座ω附近。

双鱼座中有哪些重要恒星

双鱼座α是一个双星系统，在望远镜中可以看到一颗呈黄色，一颗呈蓝色；双鱼座ζ也是一个双星系统，一颗呈浅黄色，一颗呈浅红色；土公二为半规则变星，亮度介于4.65~5.42之间，变光周期为49.1日；云雨增七为不规则变星，亮度介于4.79~5.20之间；范马南星是一颗白矮星，距离太阳系14.1光年，是双鱼座中离地球最近的恒星。

M74 旋涡星系

在双鱼座中存在一个梅西耶天体，那就是M74又名NGC 628，这是一个正面朝向地球的Sc型旋涡星系。它距离地球大约有3000万光年，观测它时需要用一个口径至少200毫米的望远镜，它的中心是一个明亮的核，旋臂从核区延展到星系外部区域。

双鱼座星座神话是什么

　　在希腊神话中，双鱼座是爱神阿普洛迪和她的儿子小爱神厄洛斯的化身演变出来的。厄洛斯是母亲最疼爱的儿子，他的背上长有一双美丽的翅膀，常常跟着母亲，帮助母亲掌管男女恋爱婚姻之事。一天，这对母子在河边散步，突然一只妖怪出现在他们面前，准备攻击他们，阿普洛迪急中生智，将她和儿子一起变成两条鱼，潜入河中逃脱了。后来雅典娜为了纪念此事，将他们化身的鱼形列入群星之间，成了双鱼座。

什么是星系

什么是星系？广义上的星系是无数的恒星系、尘埃、气体、暗物质等组成的巨大运行系统。就像我们熟悉的银河系，它就是一个星系。星系中存在从只有数千万颗恒星的矮星系到上万亿颗恒星的椭圆星系，它们全部都围绕着质量中心运转。单独的恒星和稀薄的星际物质周围不存在数量庞大的多星系统和星团。大部分星系的直径都在1000~1000000光年，彼此间的距离相差百万光年的数量级。在可观测宇宙中，存在超过一千亿个以上的星系。

星系的发现

1610年伽利略使用望远镜观测天空，发现天空中明亮的带状物，那就是当时所观测到的银河。它是由数量庞大但光度暗淡的恒星聚集而成的。到了1755年，伊曼纽尔·康德完成了一份素描图，他推测星系可能是由数量庞大的恒星组成的转动体，经由重力的牵引聚集在一起的，就如同我们的太阳系，但是规模要更加庞大。

什么时候开始发现了星系的区别

在18世纪末期，梅西耶收录了103个明亮的星云。没过多久赫歇耳也收录了5000个星云。到1845年，罗斯勋爵建造了一架新望远镜，通过它可以分辨出椭圆星系和旋涡星系，并且他在这些星云中找到了一些独立的点，这也为康德开始的说法提供了现实依据。

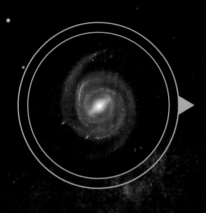

活动星系

在众多星系中，有一部分星系被称为活动星系，在活动星系的总能量除了恒星、尘埃和星际介质的辐射之外，还有另一个重要的来源。这就是活动星系核，通过对能量分布的了解，我们认为这种能量是物质掉落入位在核心区域的超大质量黑洞造成的。

什么是不规则星系

有一些星系它们并不存在规则的外形，也没有明显的核和旋臂，这类星系称为不规则星系。在全天的亮星系中，不规则星系只占5%。我们通常用字母Irr来表示没有盘状对称结构或者看不出有旋转对称性的星系。我们通常会将不规则星系分为Irr I型和Irr II型两类。I型的是典型的不规则星系，它除具有不规则星系的普遍特征外，有一些还有隐约可见不甚规则的棒状结构。

有一些星系它们并不存在规则的外形，也没有明显的核和旋臂，这类星系称为不规则星系。

本星系群

本星系群指的就是银河系所属的小型星系团。已知大约有50个成员星系，总质量约是太阳的2万亿倍，横跨太空1000万光年的空间。仙女星系和我们所在的银河系在本星系群中占主导地位，在不久的将来这两个星系很有可能并合到一起形成一个星系。除银河系和仙女星系外，绝大部分成员星系是矮星系，大多数都比较暗淡，如果它们位于比仙女星系还要遥远的地方就很难被观测到。这也就是为什么本星系群的精确尺度很难被测定的原因。

星系次群

本星系群内的其他星系大多都属于"矮星系"，这些矮星系以银河系和仙女星系为中心，组成了两个"星系次群"。包括M32、NGC205、NGC147、NGC185、仙女矮星系和三角星系（M33）在内的仙女星系次群。

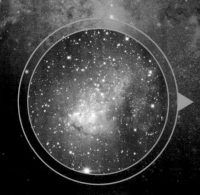

星暴星系

IC 10是一个星暴星系，它是不规则星系，距离银河系有220万光年。星暴星系的最大特点就是它的产星速率异常的高，但是有关这一异常现象的起因，天文学家尚无定论。

大犬矮星系

大犬矮星系是距离我们银河系最近的伴星系，它是科学家在大犬座中发现的，距离我们只有4.2万光年。银河系中的潮汐力会将恒星从星系中剥离，最终汇入庞大的星流。银河系可能就是通过这样的吞噬而形成的庞然大物。

成员

本星系群中最大的成员是仙女星系和银河系。

星系团

正如恒星汇聚成星团和星系一样，星系也会汇聚最终形成巨型的星系团。它们通常尺度差距在数百万秒，其中包含了数百到数千个星系。有时候把星系较少的星系团叫作星系群。星系团是宇宙中受到引力束缚的庞大结构，一些星系团甚至与宇宙本身一样古老。天文学家会根据成员星系的密度和数量为星系团分类。像银河系这种只有数十个成员的被称作小型星系团，而像室女和后发星系团拥有数千个星系，直径达数千万光年的则属于富星系团。尽管不同星系团内成员星系的数目相差巨大，但星系团的线直径最多相差一个数量级。

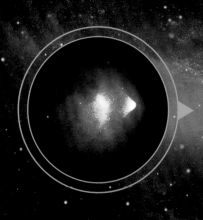

星系团分类

星系团按照形态可以分为规则星系团和不规则星系团两类。后发星系团是规则星系团的代表，它们大致呈球对称外形，类似于球状星团，所以又被叫作球状星系团。不规则星系团的结构松散，没有形成一定的形状，因此它们又叫作"疏散星系团"。它们的数量往往比规则星系团要庞大，而且是各种类型星系的混合体，其中往往以暗星系占绝对优势，这也是与规则星系团的不同之处。

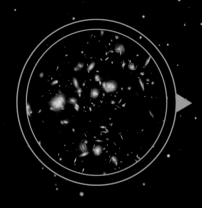

门槛上的巨人

黄道星座室女座中的室女星系团是一个著名的大型星系团，它是距离我们银河系最近的一个大型星系团，延伸1500万光年，拥有2000个星系。在室女星系团中的主导成员是庞大的椭圆星系M87。想要观测室女星系团，只需要准备一架业余望远镜就可以。

有什么运动特征

　　星系团的运动特征分为两个方面：整个团的视向运动和团内各成员星系间的随机性相对运动。星系团作为整体的视向速度同星系团的距离满足哈勃定律，那就是距离越远的视向速度越大。同一个星系团内不同成员星系间的相对运动情况可用速度弥散度来表示。通常，星系团的范围扩大和成员数的增加也意味着速度弥散度越来越大。

后发星团

　　在北天的后发座中有一个后发星系团，它位于大约3亿光年以外，它的宽有2000万光年，其中多达3000个星系向星团中心集中，是大型星系团的代表。

类星体

　　20世纪60年代，一种特殊天体被科学家发现，它的光学图像类似恒星，被称为类星体。它的所在之处相当遥远，它是人类能观测到的最遥远的天体。它虽然体积比星系要小很多，但是却释放着超出星系千倍以上的能量，它放射的光芒能够在100亿光年以外的距离被人类观测到。它的中心是猛烈吞噬周围物质的、拥有超大质量的黑洞。黑洞本身不发光，但是它强大的引力可以将周围物质快速吸引过来，产生"摩擦生热"的效果，从而释放出巨大的能量，成为宇宙中耀眼的天体。目前天文学家通过巡天发现了20多万颗类星体，距离超过127亿光年的类星体有40个左右。

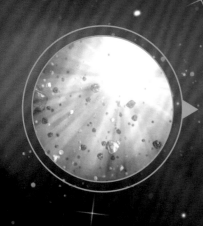

类星体的发现

　　在1963年，科学家在仰望星空的时候发现了一种很特别的天体。它很像恒星却不是恒星，光谱上显示出来很像行星状星云但又不是星云，它发出非常强的射电辐射，因此人们称它为"类星体"。这是首次发现类星体，它与宇宙微波背景辐射、脉冲星、星际分子并列为20世纪60年代天文学四大发现。

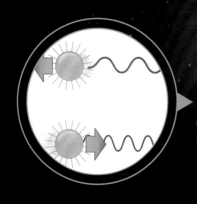

红移

　　在天文学领域，红移指的是物体的电磁辐射由于某种原因波长增加的现象，表现为光谱的谱线朝红端移动了一段距离，即波长变长、频率降低。在研究不同对象时，会涉及不同的红移。有三种红移分别是多普勒红移、引力红移和宇宙学红移。多普勒红移是因为辐射源在固定的空间中远离我们所形成的。引力红移是因为光子摆脱引力场向外辐射所造成的。宇宙学红移是宇宙空间膨胀造成的。

我国的尖端成果

北京大学物理学院天文学系团队发现了一颗距离人类128亿光年的超亮类星体。它是利用云南丽江的2.4米望远镜首先发现的，这是世界上唯一用2米级别的望远镜发现的红移6以上的宇宙早期类星体。这一研究成果被发表在2015年2月26日最新一期的国际科学期刊《自然》上。

红移种类

红移分为三种：多普勒红移、引力红移和宇宙学红移。

椭圆星系、不规则星系与旋涡星系

在本星系群中大多数成员都是椭圆星系或者不规则星系，还有一些旋涡星系。其中最为常见的是椭圆星系，它们占据了所有星系的60%，而不规则星系也只占到了10%。有的椭圆星系和不规则星系都很小，这样的小星系也被称为矮椭圆星系和矮不规则星系。这种矮星系的直径只有数千光年，其中的恒星也不会很多。椭圆星系呈球体，而不规则星系不具备可以清晰辨认的结构，旋涡星系是具有旋涡结构的星系，每个星系都各有不同。不规则星系就像旋涡星系一样同时拥有年轻和年老的恒星，并且其中包括活跃的恒星育婴所，但椭圆星系中通常只有年老的红色恒星。

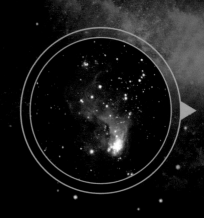

人马座的巴纳德星系

NGC 6822巴纳德星系，它是本星系群中的一个不规则矮星系，成员星数量并不多，大概有1000万颗。巴纳德星系与其他不规则星系一样拥有数个活跃的产星区以及星云泡，那些都是温度极高的沃尔夫－拉叶星的星风吹出来的。

涡状星系

涡状星系是旋涡星系的代表，它是在1773年10月13日由梅西耶发现的。它的伴星系是NGC 5159。它被认为是第一个被发现的旋涡星系，威廉·帕森思通过一座建于爱尔兰比尔城堡的反射望远镜观测出它是涡状星系。

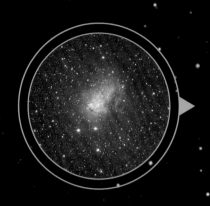

不规则气体

在本星系群中存在不规则成员星系IC 10。在射电合成图中，通常用蓝色表示可见光部分，用红色来表示电离氢。通过这样的观测我们了解到，不规则星系中的气体的分布比我们想象的更加不规则。

椭圆星系外形呈正圆形或椭圆形，中心亮，边缘渐暗，按外形又分为 E0 到 E7 八种次型。

重力作用

有一些不规则星系原本是小的旋涡星系，因为邻近星系的引力作用使旋涡的结构被破坏了。

在双重星系中，我们把大的叫作主星系，较小的称为伴星系。引力让我们的地球围绕着太阳旋转，也是它将小型伴星系拴在银河系周围。大麦哲伦云和小麦哲伦云都是形态不规则的矮星系，也是银河系最大的伴星系。它们看上去就像是从银河系分离出来的碎片，我们很容易就能从夜空中找到它们。其中大麦哲伦云离银河系较近，位于16万光年以外，宽约2万光年。小麦哲伦云距离我们20万光年，它的大小只有大麦哲伦云的一半。还有其他11个星系隐藏在银河系的星际尘埃后方，其中最小的宽度只有500光年，最近的两个星系离银河系只有不到5万光年，它们是大犬矮星系和人马矮椭圆星系。

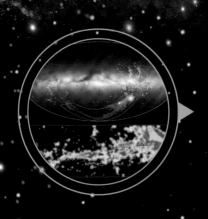

麦哲伦流

20世纪70年代，人们发现大小麦哲伦云都隐藏在弥漫的氢元素气体带中，这个条带从银河系的南极附近穿过，延展于整个天空超过120°，它被人们叫作麦哲伦流。它的前臂位于大小麦哲伦云右侧，星流位于两个星系的左侧。麦哲伦流的出现可能与星系间的潮汐作用有关。

潜入蜘蛛星云

蜘蛛星云直径超过800光年，是位于麦哲伦云中的巨型产星工厂。如果我们假设它处在猎户大星云所在的位置，那么它将占据整个天空的四分之一区域，甚至白昼可见。

银河系的伴星系

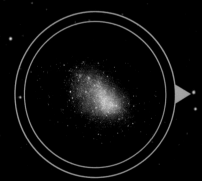

　　大麦哲伦云、小麦哲伦云是银河系的伴星系。早在公元10世纪，阿拉伯航海家在赤道以南的海域航行时，就发现了南天夜空中的两个巨大的雾状星云，并将它们命名为好望角云。直到1521年，葡萄牙航海家麦哲伦在进行环球航行时，这两个星云再次被发现，并且进行了精准的描述。后来，为了纪念麦哲伦，科学家们就用他的名字将这两个星云命名。

星系的碰撞

　　星系之间的碰撞不仅仅只是毁灭，还有可能带来新生。在宇宙中有些地方星系密集，有些地方星系分布稀疏，因此星系碰撞是在宇宙中普遍存在的，也是星系演化的必经之路。两个星系发生碰撞之后变成了一个更大的星系，碰撞时产生的冲击使大量的恒星也同时产生。哈勃空间望远镜和大型地面望远镜在观测过程中，发现了宇宙深处存在许多正在碰撞合并的星系。据观测，我们的临近星系——仙女座星系也在渐渐接近银河系，或许在几十亿年以后也会和我们所在的银河系碰撞在一起。

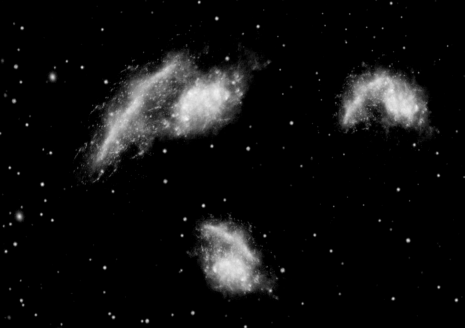

车轮星系是怎么形成的

　　车轮星系是怎么形成的呢？其实车轮星系是由小星系碰撞到普通星系后形成的。发生撞击时，同时产生了巨大的能量，两个星系中的星际气体会抛到宇宙空间，气体在周围扩展成环状，恒星会在其中陆续诞生。

四星系碰撞

　　2007年，美国天文学家借助"斯皮策"太空望远镜成功捕捉到四个巨大的星系团发生碰撞的瞬间。它们合并完成后将形成宇宙中最大的星系。这四个星系每个都包含了数十亿颗恒星，碰撞期间，抛射出了数十亿个较老的恒星，最终它们中的一半会回落到星系中。

什么是天线星系

　　天线星系是什么样子的？我们在计算机上模拟两个星系碰撞的过程时，会发现两个旋涡星系互相接近，在引力的作用下星系会变形，就像长出了长长的尾巴。它们互相吸引，大概经过6亿年以后，两个星系就会合二为一。

星际探测

　　随着时代的发展，科学技术也随之不断进步，因此人们已经不再满足于在地面上观测宇宙，于是进入太空就成了新时代的任务。火箭、人造卫星、宇宙飞船、航天飞机等都是科学家们智慧的结晶。经过一步步的实践与探索，人类终于成功地迈进太空，实现了遥不可及的梦想。在这一章中你将了解各种航天器的神奇之处。

宇宙的诞生与发展

地球孕育了人类，人类文明也随即开启。人类开始对这个给予我们生存空间的超级载体萌生无限的好奇心，而后，经过了哥白尼、赫歇耳、哈勃从太阳系、银河系、河外星系的宇宙探索三部曲，宇宙学已经不再是幽深玄奥的抽象哲学思辨，而是建立在天文观测和物理实验基础上的一门现代科学。我们知道了太阳系、银河系、河外星系等组成宇宙的星体，也更为专注地向宇宙发起了探索挑战书。

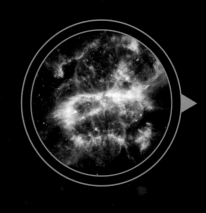

宇宙大爆炸

听到"爆炸"一词，一种"破坏性"的概念被植入大脑。但是对于宇宙，爆炸反而是它的生命的开始。大约138亿年前，宇宙内的物质和能量都聚集在一起，瞬间发生了大爆炸，大爆炸使物质四散出去，宇宙空间不断膨胀，宇宙中的所有恒星、行星乃至生命也相继出现。这便是1927年，比利时天文学家勒梅特提出的"大爆炸宇宙论"。当然，这也是一种猜测和假说。

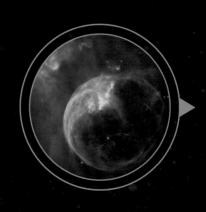

星云

什么是星云？它是尘埃、氢气、氦气和其他电离气体聚集而成的星际云。人们猜测，恒星都是由星云中的物质"凝结"而形成的。星云的样子很像一团云雾，有些区域是近似真空的，有些区域形成了像太阳一样闪亮的恒星。宝瓶座耳轮状星云和天琴座环状星云都是比较著名的星云。

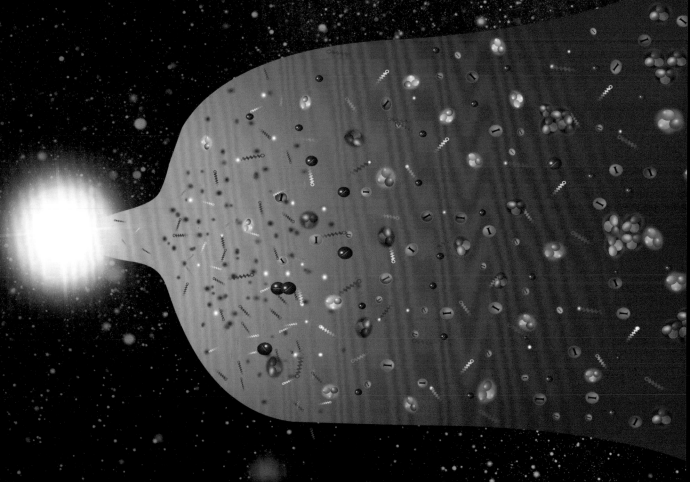

大爆炸之后

　　宇宙起源于138亿年前的大爆炸。在大爆炸之后的38万年里，宇宙温度下降到3000℃，原子结构形成，宇宙开始透明，光子开始在宇宙中扩散，形成宇宙微波背景辐射。然后，在大爆炸之后的2亿年里，宇宙中的星云物质逐渐形成恒星。

宇宙的终结

　　我们生活的地球只是浩瀚宇宙中的一种天体，它孕育了人类，人类有了感知，而我们对宇宙的探索欲从未终结，想向宇宙这个主宰生命的载体讨个确切的答案。人类为宇宙的起源注入了相对的科学依据，那么宇宙又将怎样拉开它的帷（wéi）幕？宇宙是在不断膨胀的，如果没有外力的存在，宇宙的膨胀应该是一个不断减缓的过程，但实际上宇宙却在不断加速膨胀，这确实是一个奇怪的现象。长此以往，恒星将失去能量，随着粒子的衰变，宇宙在很远的未来最终也将死去。科学界给出的宇宙消亡的假想状态有几种，其中最引人注目的有宇宙大冻结、大收缩和大撕裂，始作俑者"暗能量"悄悄操控着这场遥遥无期的终结。

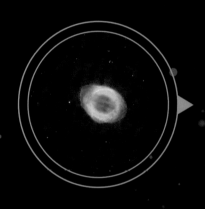

大收缩

　　宇宙的另一种假想结局是大爆炸的逆过程"大收缩"。宇宙最后将停止膨胀，由于星系引力作用，所有星系越聚越紧，最后形成一个紧密的物质团，从而摧毁宇宙中所有的生命。大收缩之后宇宙有可能重启，新的宇宙将诞生新的恒星、新的行星、新的生命形式，循环往复无穷无尽。

大冻结

　　有一种假想的宇宙结局就是大冻结，也有一种说法叫作"热寂"。当宇宙中所有的恒星都不再发光发热，度过了主序星的阶段，变成了白矮星、中子星或者黑洞的时候，宇宙中所有的物质温度都将变得接近绝对零度，宇宙内部不再存在任何的能量传递和交换，这就是宇宙的大冻结。大冻结的说法认为，宇宙空间从此会永远地黑暗和冷却下去。

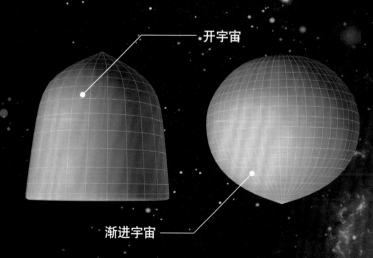

开宇宙

渐进宇宙

加速膨胀的宇宙

科学家们认为宇宙加速膨胀的原因是因为暗能量的存在。

宇宙加速膨胀，宇宙中的一切终将被撕扯成碎片，这一理论被称为"大撕裂"。

大撕裂

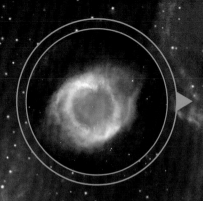

宇宙还有一种假想结局是暗能量导致的"大撕裂"。暗能量推动着宇宙向四周快速扩散，最短在大约167亿年以后，暗能量可能就会将星系撕碎，星系中的行星将脱离恒星的引力，然后，快速远离的行星和恒星也都将被撕碎，直到宇宙中的所有物质都被撕裂成基本粒子。

"地心说"与"日心说"

　　古代人们对宇宙的构造各有不同的看法。在人类有关宇宙的发展史上，其中有两大学说是描述宇宙结构和运动的，科学家为此争论了上百年，它们分别是"地心说"和"日心说"。"地心说"的起源很早，最初由米利都学派形成初步理念，然后由古希腊学者欧多克斯提出，又经过了亚里士多德的完善，最后又让托勒密进一步发展才成为"地心说"。到了16世纪"日心说"才出现，在这之前的1300年中，"地心说"始终占统治地位。"地心说"认为地球是宇宙的中心，所有的天体都围绕着地球运转，"日心说"则认为太阳是宇宙的中心，地球和其他天体是围绕太阳运转的。随着科技的发展，人类逐渐认清两大学说中的错误点，也更加了解宇宙。

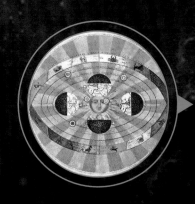

"地心说"

　　"地心说"又叫"天动说"，起源于古希腊时代，它认为地球是宇宙的中心，是静止不动的，其他天体都围绕着地球运转。

地球

月球

水星

太阳

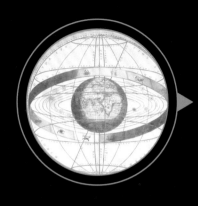

"日心说"

　　哥白尼是文艺复兴时期的一位天文学家，"日心说"就是他提出的，"日心说"也叫作"地动说"。这个学说的观点是地球是球形的并且不断运转，太阳是不动的，而且太阳在宇宙的中心，地球与其他天体都围绕着太阳做圆周运转，只有月亮围绕地球转转。"日心说"有力地打破了"地心说"实现了天文学的根本变革。

从"地心说"到"日心说"

　　"地心说"一直延续到哥白尼时代，爱好天文的哥白尼在意大利留学期间，与他的天文学教授讨论"地心说"，得到了教授的启发，他发表了独特的见解，萌发了关于地球自转和地球围绕太阳公转的想法。回到波兰以后，哥白尼进行了长期的天文观测和研究，并不断计算着，终于突破重重难关，创立了以太阳为中心的"日心说"。

太阳

火星

木星

地球

水星

金星

土星

圭表和日晷

    中国是世界上天文学起步最早、发展最快的国家。古人的天文知识不仅丰富，而且也很普及。早在5000多年前，中国就有了历法，而历法就是基于天文学而产生的，到了商代时期，已经有了专门的官员负责天文历法，那时将闰月放在岁末，称为"十三月"。中国拥有举世公认的最早最完整的天象记载，当然这些记载少不了天文仪器的帮助。中国古代制造出了许多精巧的观察和测量仪器，最古老的要数圭表和日晷了，它们都是利用日影进行测量和计算的古代天文仪器，圭表最为简单，出现年代很早，根据现代考古发现，在大约4000年前的陶寺遗址时期，就已经使用了圭表。日晷是在圭表基础上发展出来的，主要是用来定时刻的一种计时仪器。

圭表

    圭表，由"圭"和"表"两个部件组成，和日晷一样，也是利用日影进行测量的古代天文仪器。所谓圭表测影法，通俗地说，就是垂直于地面立一根杆，通过观察记录它正午时影子的长短变化来确定季节的变化。垂直于地面的直杆叫"表"，水平放置于地面上刻有刻度以测量影长的标尺叫"圭"。在不同的季节，太阳的方位和正午高度不同，并且有着一定的变化规律，当太阳照在表上时，圭上会出现表的影子，人们根据影子的长度和方向来测时间、定方向、划分节令。以圭表测时间，一直延至明清时期。

日晷

　　"日"指"太阳"，"晷"指"影子"。"日晷"的意思就是"太阳的影子"。日晷是一种白天通过太阳投射产生的影子测时刻的天文仪器，是我国古代较为普遍使用的计时仪器。日晷必须依赖日照，不能用于阴天和黑夜。因此，单用日晷来计时是不够的，还需要其他种类的计时器，如水钟，来与日晷相配。

浑天仪

在我国古代有一种重要的宇宙理论叫作浑天说，《张衡浑仪注》（浑天说代表作）认为"浑天如鸡子。天体圆如弹丸，地如鸡子中黄"。天内充满了水，天靠气支撑着，地则浮在水面上。浑仪和浑象是一种观测仪器，正反映了这种浑天说，浑仪是观察和测定天体球面坐标的一种仪器，浑象是古代用来演示天象的仪表，浑天仪则是浑仪和浑象的总称。

西方的浑天仪

根据文献的记载，西方的浑天仪出现在公元前3世纪，那时希腊的教学领域就开始使用浑天仪。希腊是哲学的起源地，也有资料说明，公元前6世纪，米利都的亚历山大发明了浑天仪。但被大家公认的，是公元前2世纪喜帕恰斯发明的浑天仪，因为他做出了非常细致的构造说明，并且用于实际观测。

张衡改进浑天仪

　　东汉学者张衡继承和发展了前人的成果，他改进并研发了新型浑天仪，浑天仪主体是几层可运转的圆圈，各层分别刻着内、外规，南、北极，黄、赤道，二十四节气，二十八宿，还有星辰和日、月、五纬等天象。它运转的动力是仪器上的漏壶滴水，压力推动圆圈按照刻度转动。张衡是第一位将齿轮用于驱动浑天仪的科学家。

天球仪

    中国天球仪的制作早在元朝时期就已经存在，球面上反映了地球表面的海、陆分布状；发展到明朝，朝廷制作的天球仪已经绘制了经纬网，标注了五洲；清朝时期，乾隆皇帝命人用纯金打造的金嵌珍珠天球仪，并参照了钟表的内部结构，该天球仪代表了清朝制造天球仪的新的发展，是我国古代制作成本最高的天球仪;发展到现代，天球仪模型已经能够购买到并作为教具被应用在教学中。

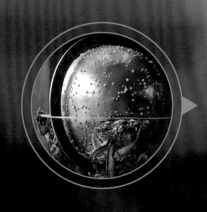

金嵌珍珠天球仪

    金嵌珍珠天球仪的球径约30厘米，由金叶锤打的两个半圆合为一体，接缝处为赤道，球的两端中心为南北极，北极还有时辰盘。它采用赤金点翠法，以大小不同的珍珠为星，镶嵌于球面之上并刻有星座的名称。金嵌珍珠天球仪，反映出中国清朝时期高超的天文科技水平。

现代天球仪

    天球仪不只是在博物馆里才能看到，我们也可以购买到。它的体积会被缩小，我们可以调整的变量有观测点纬度、观测日期和当天的时间。我们选定一个观测点纬度，并调整子午环到该纬度，然后我们确定想要观测的日期，就是在黄道环上找出代表这一天的位置，记作Z，最后我们转动中空圆球，观察点Z的运动轨迹，就可以看到一年中的某一天里，在这一纬度太阳在天球上是如何运动的了。

金嵌珍珠天球仪的由来

　　清朝统治者对西方天文学比前人更加重视，首先接受这种文化的是康熙皇帝。乾隆热衷于繁复华贵的钟表及奇巧的机械玩具得益于康熙皇帝的熏陶及培养。乾隆皇帝在位时，命令清宫制造了各种金银玉器、牙雕等稀世珍品，金嵌珍珠天球仪便是其中之一。

天球仪的作用

　　地球围绕太阳公转一圈为一年，地球自转一圈为一天，天上星星运动产生了很多天文现象，它使地球有了昼、夜、节气、极昼、极夜、时差等。这些信息与人类的生活密切相关，为了更加了解这些现象，智慧的人们研制了天球仪，让生活变得更加有规律。

天球仪的支架
呈高脚杯状。

伽利略的望远镜

1609年，身为数学和天文学教授的伽利略，正在威尼斯做学术访问，偶然听闻荷兰人发明了一种能望见远景的"幻镜"，引发他强烈的好奇，在证实了信息后他匆忙回到大学实验室，集中精力研究光学和透镜。次年，他改进望远镜，使放大率高达33倍，并把它指向了星空，首次对月面进行了科学观测。它就是世界上的第一台天文望远镜"伽利略望远镜"，它的诞生，使人类正式进入日月星空的探索之旅。伽利略望远镜的发明，是人类历史上一次非常重要的科技革命。

伽利略

伽利略是意大利伟大的物理学家、天文学家、数学家、哲学家。他发明了摆针、温度计及天文望远镜等多种有意义的工具，在科学上为人类做出了巨大贡献。是近代实验科学的奠基人之一，享有"观测天文学之父""现代物理学之父""科学方法之父""现代科学之父"的美誉。

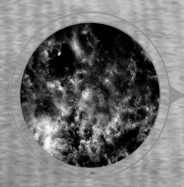

天文望远镜观测成果

伽利略先观测到了月球的高地和环形山投下的阴影。1610年1月7日，伽利略发现了木星的四颗卫星，为哥白尼学说找到了确凿的证据。借助于望远镜，伽利略还先后发现了土星光环、太阳黑子、太阳的自转、金星和水星的盈亏现象、月球的周日和周月天平动，以及银河是由无数恒星组成等等。这些发现开辟了天文学的新时代，近代天文学的大门被打开了。

伽利略望远镜的缺点

　　伽利略的望远镜有一个缺点，就是在明亮物体周围产生"色差"。"色差"产生的症结在于通常所谓的"白光"根本不是白颜色的光，而是由组成彩虹的从红到紫的所有色光混合而成的。当光束进入物镜并被折射时，各种色光的折射程度不同，因此成像的焦点也不同，模糊就产生了。

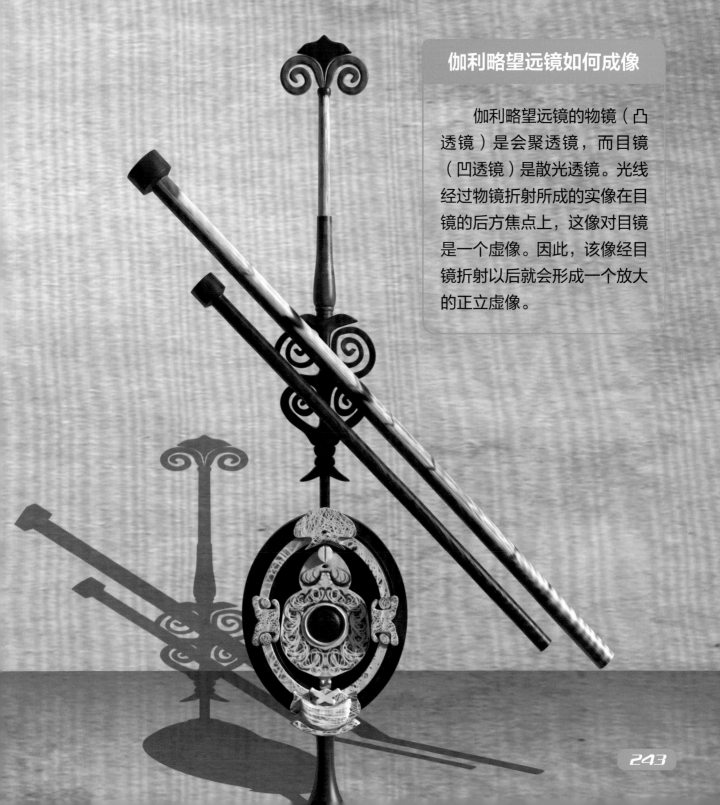

伽利略望远镜如何成像

　　伽利略望远镜的物镜（凸透镜）是会聚透镜，而目镜（凹透镜）是散光透镜。光线经过物镜折射所成的实像在目镜的后方焦点上，这像对目镜是一个虚像。因此，该像经目镜折射以后就会形成一个放大的正立虚像。

早期的反射望远镜

　　最早的望远镜是折射望远镜，它有一个致命的缺点就是存在色差，天文学家为了解决这个问题，开始研制反射望远镜。牛顿曾认为，人们无法制造出能够消除色差的透镜，于是，他改用一种铜锡合金来磨制反射镜，制造出了第一架反射望远镜。这架望远镜用一块球面反射镜作为主镜，用一块平面反射镜作为副镜，口径3.3厘米，外形呈短粗胖，产生的物像可以被放大40倍。然而第一个提出这个设想的人却是苏格兰数学家和天文学家格雷戈里，只可惜他没有将想法付诸实践。随后又有不少天文爱好者制作出了新型望远镜，美国天文学家海尔在山上建造了一个口径508厘米的大反射望远镜，命名为"海尔望远镜"。这架望远镜极大地开阔了人类的眼界，使天文学又向前迈进了一大步。

望远镜上的今天

　　随着科学技术的不断提高，望远镜也变得更加先进。世界上著名的光学望远镜是位于夏威夷的凯克望远镜，它的口径有10米，由36面口径1.8米的六角型镜面拼接而成。日本人还在夏威夷建造了一座8米的望远镜，称为昴星团望远镜。

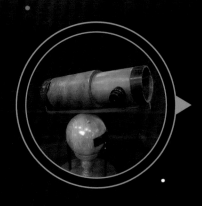

反射望远镜

　　反射望远镜镜筒短，矫正较复杂，体积较大，适合专业观测使用，一般初学者比较适合轻巧的折射望远镜。

第一架反射望远镜

　　1668年，牛顿亲手磨制了一块凹球面镜，镜子为白色铜锡合金，镜筒是长15厘米的金属筒，平行光束投射在物体上会经过反射聚集在焦点处，就可以看到天体了，这一焦点称为主焦点，在主焦点前放置一个平面镜后，光线在目镜前聚焦成像，这一焦点称为牛顿焦点。这就是牛顿制作的反射望远镜。

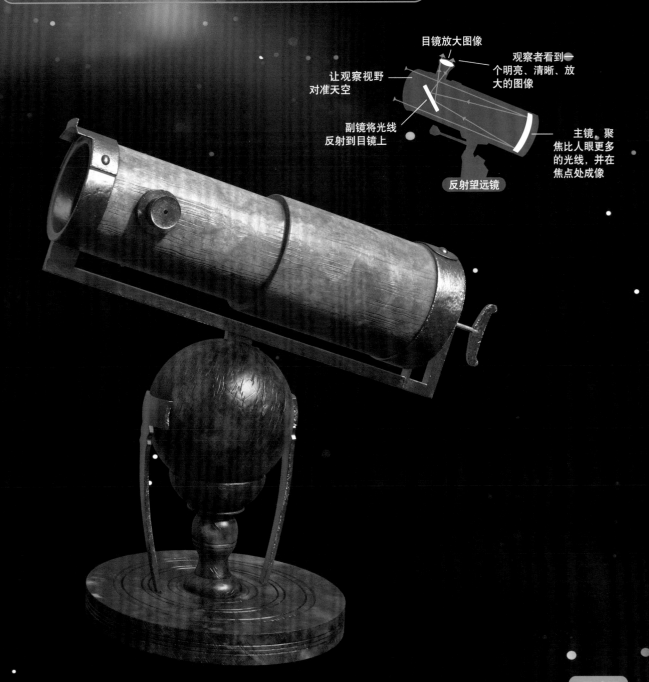

目镜放大图像

观察者看到一个明亮、清晰、放大的图像

让观察视野对准天空

副镜将光线反射到目镜上

主镜。聚焦比人眼更多的光线，并在焦点处成像

反射望远镜

现代望远镜

　　望远镜是观测天体最直接，最重要的手段，如果没有望远镜的产生和发展就不会有如今的现代天文学。最早的望远镜构造非常简单，只是由小小的镜片组成，整体也只有手臂大小，然而几百年后，望远镜已经变成了庞然大物，巨大的镜面需要用数以吨计的钢铁来支撑。望远镜的集光能力随着口径的增大而增强，所以望远镜的口径越大就能够看到更暗、更远的天体。随着望远镜在各个方面性能的改进和提高，现代的望远镜可以观测更加广袤的太空。天文学也得到了突飞猛进的发展。

大麦哲伦望远镜

　　大麦哲伦望远镜由7个直径8.4米的主镜镜片以甘菊花的形状组装在一起。这种设计令这台望远镜的聚光能力大大提升，成像清晰度达到哈勃空间望远镜的10倍。

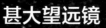

甚大望远镜

欧洲南方天文台建造的甚大望远镜位于智利阿塔卡马沙漠北部的巴拉纳尔山上。天文台上共有4台口径为8.2米的望远镜，都可单独使用。主要科学任务为探索太阳系邻近恒星的行星、研究星云内恒星的诞生、观察活跃星系核内可能隐藏的黑洞以及探寻宇宙的边际等。

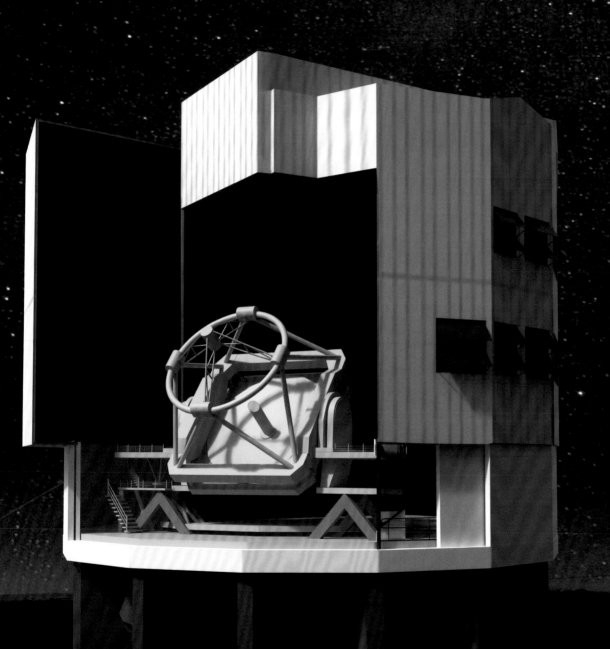

哈勃空间望远镜

　　哈勃空间望远镜于1990年4月24日由"发现者"号航天飞机发射升空。它是放置在地球轨道上并且围绕地球的空间望远镜，以著名天文学家爱德温·哈勃的名字命名。它位于大气层之上，成像不会受到大气的影响，并且能够观测到未被臭氧层吸收的紫外线，能够极大程度地弥补地面观测的不足，使人们了解了更多的天文物理方面的知识，帮助天文学家解决了许多天文学上的问题。在2020年1月，一个国际天文学家团队利用美国哈勃空间望远镜发现了EGS77星系群，它是迄今已知的最遥远、最古老的星系群。

设计思路

　　1946年天文学家莱曼·斯必泽指出太空中的天文台具有优于地面天文台的观测性能。他发现在地面观测时，湍动的大气会给观测结果造成影响，在太空观测会有较高的准确率，而且在太空中的望远镜还可以观测到会被大气层吸收的红外线和紫外线。于是斯必泽开启了建造空间望远镜的事业。

组成

　　光学系统是整个哈勃空间望远镜的心脏，它的组成还有广域和行星照相机、戈达德高解析摄谱仪、高速光度计、暗天体照相机、暗天体摄谱仪，还有一件由威斯康星麦迪逊大学设计制造的HSP，用于观测在可见光和紫外光的波段上的变星，以及其他天体在亮度上的变化。

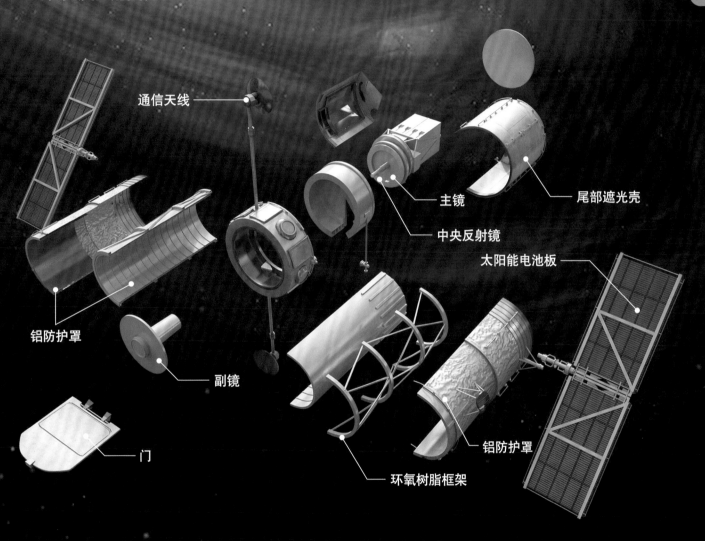

通信天线

主镜

中央反射镜

尾部遮光壳

太阳能电池板

铝防护罩

副镜

门

铝防护罩

环氧树脂框架

哈勃空间望远镜的接班人是谁

　　哈勃空间望远镜在宇宙观测方面取得了惊人的成果，随着时间的流逝，哈勃空间望远镜迎来了继任者——詹姆斯·韦布空间望远镜。2021年12月25日，詹姆斯·韦布空间望远镜搭载"阿丽亚娜"5号运载火箭奔向宇宙。

中国"天眼"

500米口径球面射电望远镜，是目前世界上口径最大、最灵敏的单天线射电望远镜，是我国自主研发的望远镜，被称为中国的"天眼"。"天眼"最早是在1994年由我国天文学家南仁东提出构想，经历了22年之久，终于在2016年9月25日在贵州省落成。"天眼"的反射面由4450块反射面板安装成，远远看去就像一口大锅，它的接收面积足足有30个标准足球场大小，它将在未来20~30年的时间里稳居世界第一的位置。

网状结构

"天眼"的反射面主要是索网结构，这是建造工程的主要技术难点之一。"天眼"的索网是世界上跨度最大、精度最高的索网结构，也是世界上第一个采用变位工作方式的索网体系。其技术难度极高，但是我国工程队将难题一一攻克，还创下了12项自主创新的专利成果。

南仁东是谁

南仁东是中国"天眼"之父，他从1994年就开始了"天眼"的选址、立项、设计，是该项目的首席科学家和首席工程师。南仁东为这个项目付出了毕生心血，没有南仁东就没有今天的500米口径球面射电望远镜的顺利建成。他于2017年病逝，享年72岁，他的逝世是我国天文学史上的重大损失。

"天眼" 任务

　　"天眼"的建造不仅仅是为了寻找"地外文明"，更重要的任务是寻找脉冲星。脉冲星是快速自转的中子星，它能够发射严格周期性脉冲信号。如大家常用的GPS导航系统一样，我们寻找到脉冲星以后就可以将它用于深空探测、星际旅行，它可以在宇宙中起到良好的导航作用。除了观测脉冲星，它还有另一大任务就是研究宇宙中的中性氢，这有助于我们探索宇宙的起源。

"天眼"从无到有，经历了22年。

固体火箭助推器

火箭是如何发射的

　　想要让火箭升空就需要一个强大的向上的推力，这个推力就是通过燃料的燃烧而产生的。发射火箭时，地面控制中心会进行倒计时，时间一到火箭就会伴随着巨大的轰鸣声缓缓升起，随后经过加速飞行，再经过一段惯性飞行，飞到预定轨道后进行最后一次加速飞行，当加速到预定速度以后，火箭的运载使命就结束了。

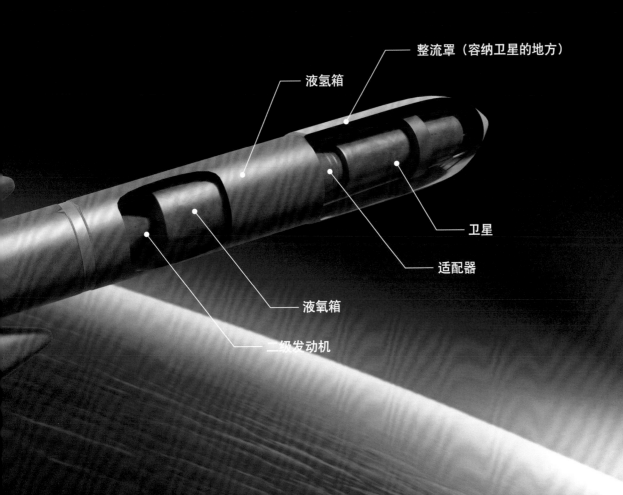

液氢箱

整流罩（容纳卫星的地方）

卫星

适配器

液氧箱

二级发动机

人造卫星

人造卫星是人造地球卫星的简称，它是指环绕地球飞行，并且能够在空间轨道上运行至少一圈的无人航天器。近年来人造卫星发展迅速，它也是发射数量最多、用途最广泛的航天器，主要应用于科学探测和研究、天气预报、土地利用、通信、导航等领域。按照用途，人造卫星可以分为科学卫星、技术试验卫星和应用卫星。

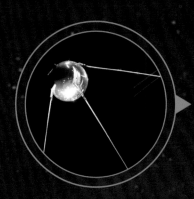

世界上第一颗人造卫星

1957年10月4日，苏联宣布成功地将世界上第一颗人造卫星发射升空，从此人类正式迈开走向太空的步伐。这颗卫星里的主要仪器设备是化学能电池无线电发报机。

人们用肉眼能看到天上的卫星吗

当我们仰望星空，面对银河时，是否会思考我们看到的星星是真正的星星还是人造天体呢？其实我们的肉眼是可以看到人造天体的，这包括人造卫星、空间站、甚至是火箭残骸。因为它们离我们很近，而且它们自身带有的太阳能电池板或者金属构件都会反光，足以被肉眼看到。但是我们在夜空中所看到的绝大多数还是真实的恒星、行星等，我们虽然能看到人造天体的反光，但还是少数。

气象卫星

古时候的人们对于多变的气候只能凭着经验加以揣测。而气象卫星的出现，使人们得以掌握数日内的气候变化。气象卫星从遥远的太空中观测地球，不但能观测大区域天气的变化，也能观测小区域天气的变化。

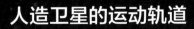

人造卫星的运动轨道

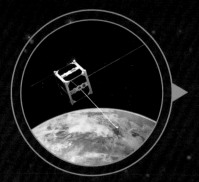

地球是一个椭球体，如果没有其他因素影响，那么人造卫星的运动就是简单的椭圆运动。然而，在纷繁复杂的天体中，影响人造卫星的运动轨道有很多种，例如地球的非球形摄动、大气阻力摄动、太阳光压摄动等。因此卫星的轨道会越变越小，最终陨落。

"东方红"1号卫星

当世界上第一颗人造卫星上天以后，我国也开始了卫星计划。1970年4月24日，我国第一颗人造卫星"东方红"1号卫星，在甘肃酒泉卫星发射场发射成功。"东方红"1号卫星播送《东方红》乐曲，让全世界人民都能听到中国卫星的声音。

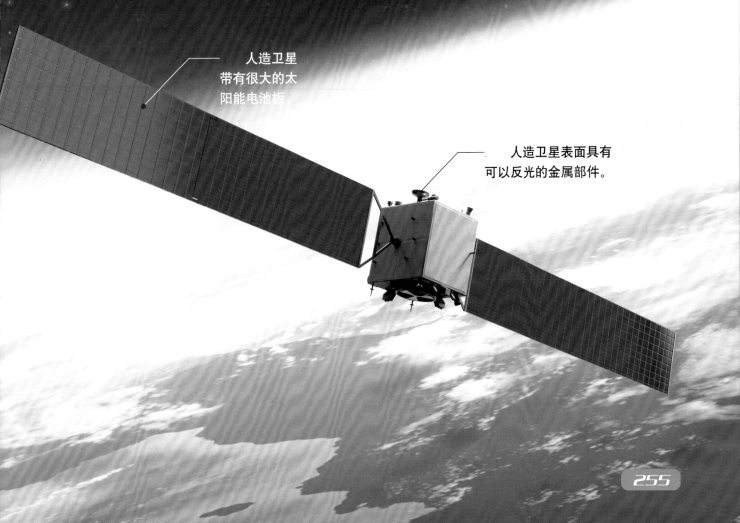

人造卫星带有很大的太阳能电池板。

人造卫星表面具有可以反光的金属部件。

"上升"号飞船

　　"上升"号飞船是在"东方"号飞船的基础上改进而来的，形状和尺寸基本相似。"上升"号飞船是苏联的第二代载人飞船。"上升"号飞船共发射了2艘。在1964年10月，"上升"1号飞船首次载航天员环绕地球飞行，在环绕地球飞行了16圈之后安全返回地面，"上升"1号飞船中载有3名航天员，航天员在船舱内可以不穿航天服，返回方式也变成了乘员舱整体软着陆的方式。在1965年3月，"上升"2号飞船发射成功，本次船舱内载着2名航天员。

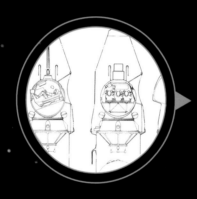

"东方"号飞船和"上升"号飞船的区别

　　"上升"号飞船是由"东方"号飞船改进而来，它们在外形上并没有很大变化，主要的变化有："上升"号飞船去掉了弹射座椅，并且增加了航天员的座位；为了完成航天员出舱任务，增加了一个可以伸缩的气闸舱。

人类第一次完成太空行走

　　"上升"2号飞船载有2名航天员。这次航行完成了一次史无前例的创举——太空行走，人类真真正正地走进太空，这次行走是由A.A.列昂诺夫完成的，A.A.列昂诺夫于1953年参军，经过四年的训练后，从丘古耶夫军事航空学校毕业，在航空兵部队担任飞行员。1960年A.A.列昂诺夫被选为航天员，从此便为航空事业奉献了一生。

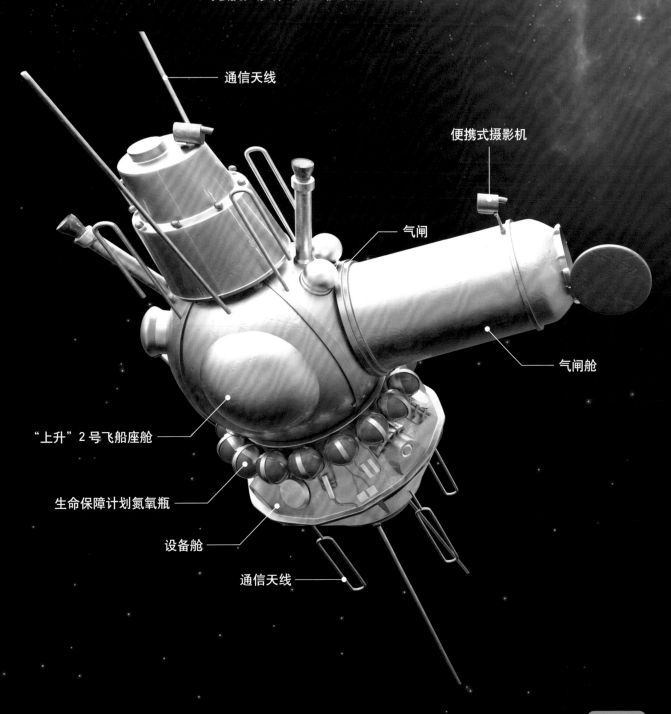

通信天线

便携式摄影机

气闸

气闸舱

"上升"2号飞船座舱

生命保障计划氮氧瓶

设备舱

通信天线

"水星"号飞船

"水星"号飞船是美国第一代载人飞船系列。从1961年5月到1963年5月共发射6艘飞船。前两艘飞船做绕地球不到一圈的亚轨道载人飞行，后四艘是载人轨道飞行。"水星"号飞船长2.9米，最大直径1.8米，主要分为圆台形座舱和圆柱形伞舱，在飞船顶端还有一个高约5米的救生塔，飞船可乘坐1名航天员，航天员可以通过舷窗、潜望镜和显示器观测地球表面。

为什么在水星飞船上带有一个救生塔呢

由于美国的地形和俄罗斯不同，俄罗斯国土面积广，飞船降落时可以降落在陆地上，而美国则选择降落在开阔的海面上，于是救生部分就显得尤为重要。美国在第一个飞船发射时就出现了故障，点火以后火箭没有飞起来，这时救生塔就派上用场了。

建造"水星"号飞船的目的

　　其主要目的是实现载人航天飞行，将载有航天员的飞船送入地球轨道，在预定轨道中飞行几圈之后安全返回地面。主要任务是试验飞船各种工程系统的性能，考察失重环境对人体的影响，人在失重状态下的工作能力，等等。

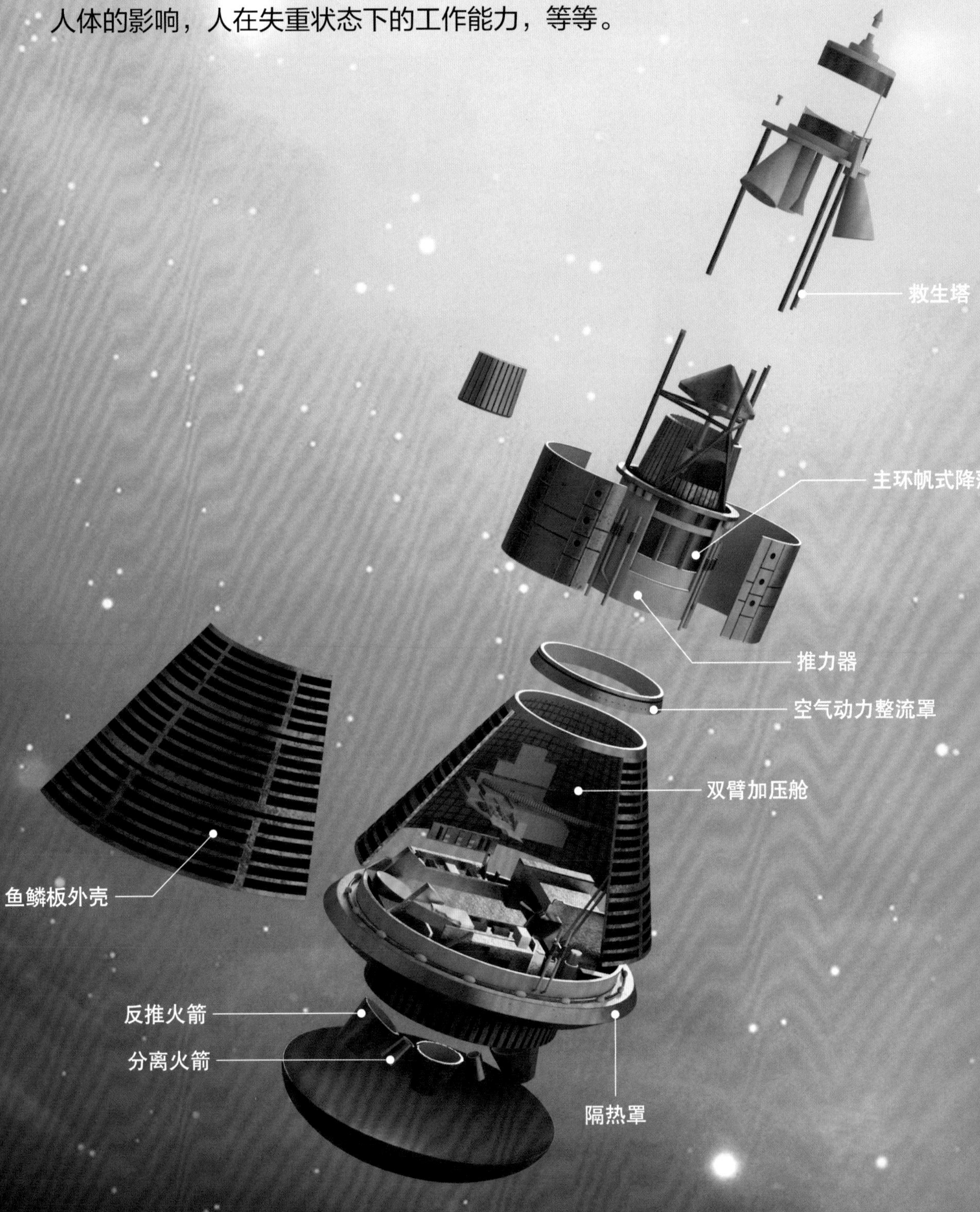

救生塔

主环帆式降落伞

推力器

空气动力整流罩

双臂加压舱

鱼鳞板外壳

反推火箭

分离火箭

隔热罩

"土星"5号运载火箭

　　"土星"5号运载火箭是美国为了实现载人登月而使用的火箭，专门为重量巨大的"阿波罗"号飞船登月而设计，因此又被称为月球火箭。"土星"5号运载火箭。是世界上最大的串联式运载火箭，全长110.6米，最大直径10.1米，起飞质量2950吨，近地轨道的运载能力达130吨，飞往月球轨道的运载能力为47吨。"土星"5号运载火箭最后一次发射是在1973年，这次发射将"太空实验室"送入了近地轨道，之后它便退役了。

运载能力最大的火箭

　　"土星"5号运载火箭是世界上迄今为止运载能力第二的火箭。它专门为重量巨大的"阿波罗"号飞船登月而设计，如果没有如此强大的载荷能力，"阿波罗"号飞船也不会有登月的成功。它可将47吨的有效载荷送上月球，但一般航天任务不需要如此之高的载荷能力。

"土星"5号运载火箭如何被研制

　　"土星"5号运载火箭在1962年开始研制，在1967年进行了第一次发射，在1973年完成最后一次飞行。实际发射了13次。

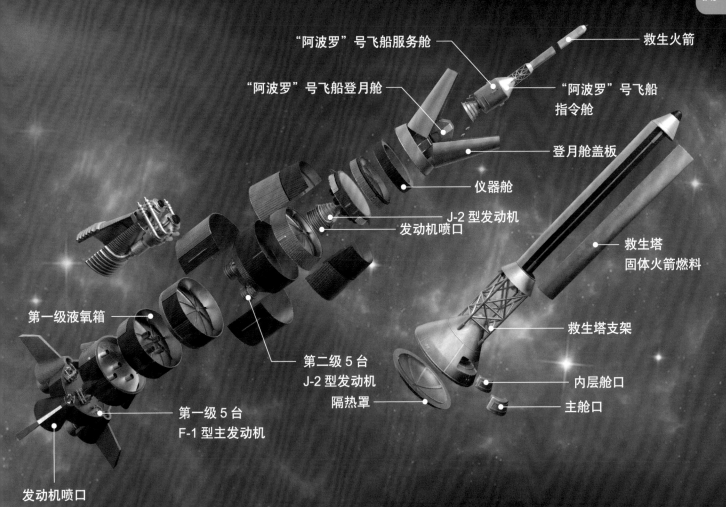

"阿波罗"号飞船服务舱

"阿波罗"号飞船登月舱

救生火箭

"阿波罗"号飞船
指令舱

登月舱盖板

仪器舱

J-2 型发动机
发动机喷口

救生塔
固体火箭燃料

第一级液氧箱

第二级 5 台
J-2 型发动机

救生塔支架

隔热罩

内层舱口

主舱口

第一级 5 台
F-1 型主发动机

发动机喷口

"阿波罗"11号登月舱

　　美国在进行了2次地球轨道载人飞行和2次月球轨道载人飞行以后，开启了"阿波罗"号飞船登月任务。美国国家航空航天局决定采用月球轨道集合的方案完成登月，这需要一艘可以到达月球的独立飞船，因此就有了"阿波罗"11号飞船。"阿波罗"11号飞船由指令舱、服务舱和登月舱3个部分组成。登月舱由上升段和下降段组成，下降段包括着陆发动机、着陆腿和仪器舱，上升段的主体即为登月舱。登月舱能够容纳2名航天员，等他们完成登月任务以后需要驾驶上升段返回到月球轨道与指令舱汇合，然后才能成功返回地球。

高频天线　　　　　　　　　　　　　　　　雷达

入舱口

登月人员

完成这次登月任务的主要成员有阿姆斯特朗、奥尔德林、柯林斯。阿姆斯特朗担任飞船指令长职务，奥尔德林为登月舱驾驶员，柯林斯是指令舱驾驶员。为了保证任务能够顺利进行，还准备了三位替补人员，他们也需要接受和登月人员同样的训练。

S 波段可控天线

对接舱口

驾驶舱控制台

反作用控制氧化剂

上升燃料箱

隔热层

副缓冲柱

主缓冲柱

梯子

脚垫

"阿波罗"11号指令舱

　　"阿波罗"11号的指令舱是飞船的重要控制中心和航天员的生活场所。它包含航天员的卧椅、控制仪表板、通信系统、前端对接舱口、侧舱门、五个舷窗及降落伞回收系统等。指令舱呈圆锥形，高3.2米，起飞质量约5.9吨，底面直径3.1米。在完成任务以后，"阿波罗"11号飞船和其运载火箭中只有指令舱会完好无损地返回地球。

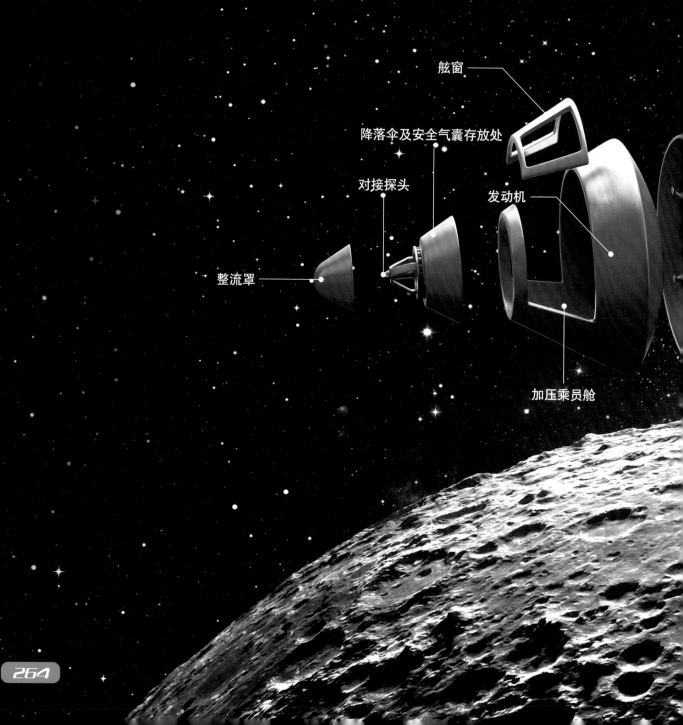

舷窗

降落伞及安全气囊存放处

对接探头

发动机

整流罩

加压乘员舱

回家的保障

"阿波罗"11号飞船在进入月球轨道以后，会进行登月舱分离登月，留下指令舱和服务舱在月球轨道待命。等到登月舱从月球表面返回到月球轨道，再与母船相结合，随后抛弃登月舱，带着指令舱和服务舱返回地球轨道，最后抛弃服务舱，只留下指令舱载着航天员返回地球表面。

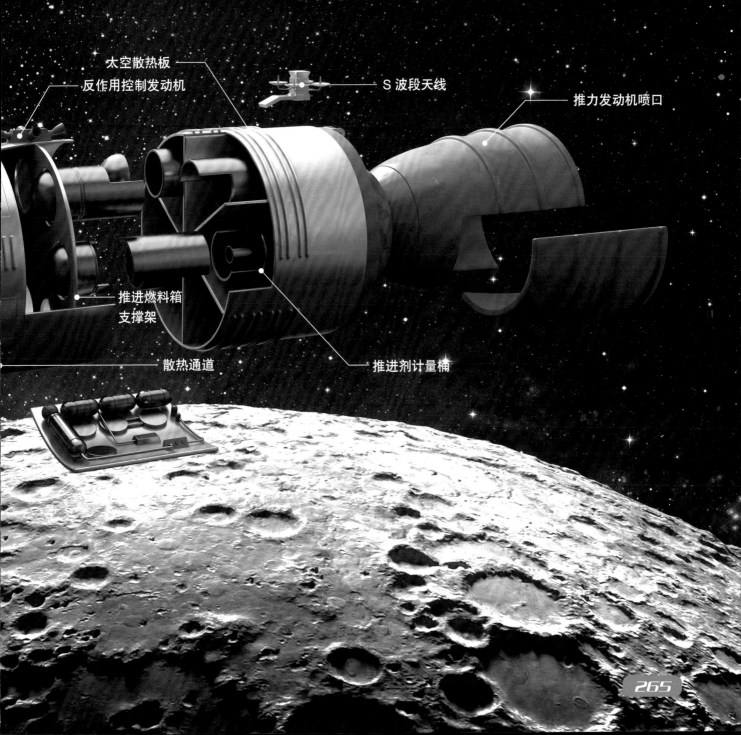

太空散热板

反作用控制发动机

S 波段天线

推力发动机喷口

推进燃料箱
支撑架

散热通道

推进剂计量桶

265

"火星探路者"号

美国国家航空航天局在1996年开始了火星探测计划，"火星探路者"号就是这一计划的一个重要组成部分，它运送人类历史上第一部火星车着陆。"火星探路者"号于1996年顺利启程，开始了5000万千米以上的火星之旅，它经过了整整7个月的飞行，终于在1997年7月，成功进入火星大气层，并且以每小时88.5千米的速度向火星表面移动。"火星探路者"号携带的"索杰纳"号火星车，是人类送往火星的第一部火星车。

"索杰纳"号火星车

"索杰纳"号火星车是一个6轮的探测车。它重约10千克，别看它小，它可是花费了2500万美元制造出来的探测车。它具有人工智能，但是它的行驶速度非常缓慢，就像是蜗牛爬行。它的爬行区域大部分集中在岩石众多的地方，主要的目的是搜集有关岩石成分的数据。按照计划，"索杰纳"号火星车的设计寿命是1个星期，但最终"索杰纳"号火星车工作了3个月。

火星之旅才刚刚开始

21世纪以后各个国家都开展了对火星的探测计划，并且进行了深入的研究，使人类得到了更加惊人的发现。

人类是否能登上火星

1922年美国发射"观察者"探测器，但没有成功。1975年，美国的"海盗"飞船曾在火星着陆，并进行了探测。有人大胆地预言，人类登上火星将不再是梦想。

"勇气"号火星车

火星车就是火星漫游车，是可以登陆在火星上并用于火星探测的探测器，也是一种可移动的车辆。火星车为人类传来大量的火星资料，使人们更加了解火星。2002年11月，美国国家航空航天局宣布与著名玩具公司乐高合作举办命名比赛，最终一名小女孩获胜，将两辆火星车分别命名为"勇气"号和"机遇"号。2003年6月至7月，"勇气"号火星车、"机遇"号火星车分别发射成功。2009年"勇气"号火星车，车轮陷入软土，使它无法动弹，多次解救均以失败告终。2010年1月美国国家航空航天局宣布放弃拯救，"勇气"号火星车从此转为静止观测平台。

坎坷的探索之路

登陆火星的"勇气"号火星车曾因为太阳能电池板落灰，导致电量不足，幸运的是在两次大风过后，尘埃被吹散，又恢复了电力。在2006年，"勇气"号火星车的右前轮失灵。2009年，"勇气"号火星车陷入软土不能动弹以后，美国国家航空航天局工程师们用尽浑身解数也没能解救出它。

"机遇"号火星车

2003年6月，"勇气"号火星车发射成功以后，在同年7月，"机遇"号火星车也成功发射。相对于"勇气"号火星车来说，"机遇"号火星车的情况比较顺利，直到2019年2月，"机遇"号火星车结束使命。

"勇气"号火星车的成就

　　"勇气"号火星车对火星土壤进行了取样分析，科学家们从中得到了许多重要数据，并意外地发现了橄榄石。"勇气"号火星车首次在火星岩石上钻孔，并且第一次找到火星上有水存在的证据。

电能来源

　　"勇气"号火星车由太阳能电池板提供电能。

一对全景照相机

一对导航相机

太阳能电池板

前置危险退避照相机

机械臂

高增益天线

车轮

"好奇"号火星车

  "好奇"号是美国研制的一台探测火星任务的火星车。它于2011年11月发射，在2012年8月成功登陆火星表面。"好奇"号火星车与以往发射的火星车的动力系统不同，它是第一辆采用核动力驱动的火星车，它的重要任务就是查明火星环境是否具有能够存在生命的可能。"好奇"号火星车无法使用气囊弹跳的着陆方式，因此科学家为它设计了新的着陆系统。"好奇"号火星车没有让大家失望，它为人类提供了大量宝贵信息，让人们对火星有了进一步了解。

证明了火星上有水

  科学家分析了"好奇"号火星车从火星带回的土壤样本。它们发现将比较细小的土壤加热，就会分解出水、二氧化碳和含硫化合物等，其中水占2%，这说明火星表面的土壤中是含有水分的，这一结果足以振奋人心。

巨大的隔热板

　　"好奇"号火星车的隔热板采用的是酚碳热烧蚀板材料制成的，是有史以来最大的隔热板，它使火星车的外壳宽达4.5米，比"阿波罗"号使用的隔热板还大。

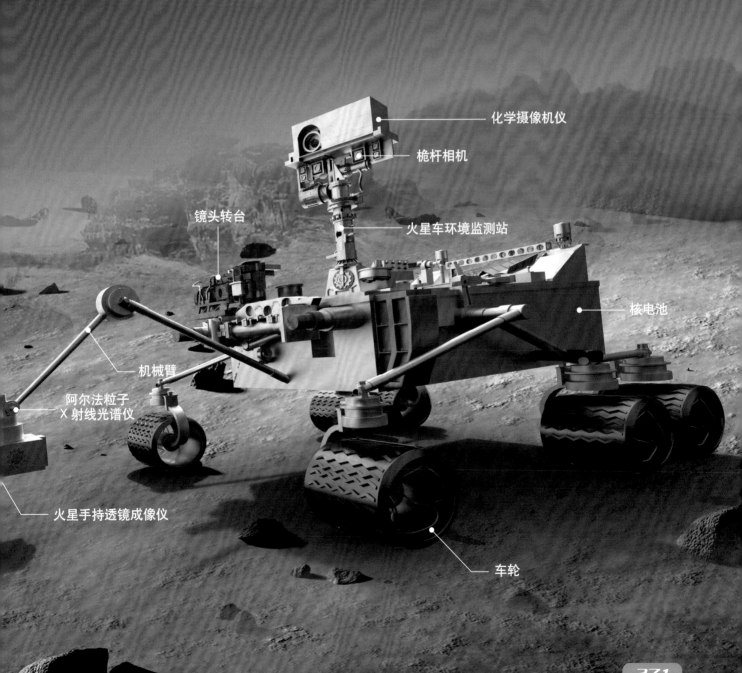

化学摄像机仪

桅杆相机

镜头转台

火星车环境监测站

核电池

机械臂

阿尔法粒子
X射线光谱仪

火星手持透镜成像仪

车轮

金星快车

金星快车是欧洲国家首次对金星进行勘探的探测器。金星快车共造价3亿欧元，它于2005年11月在拜科努尔发射场乘"联盟"号运载火箭发射升空，2006年4月进入金星轨道。金星快车的主要任务是揭开金星神秘的面纱，深入研究金星大气层，观测金星的气候变化。它原本的任务是在轨道上观测500个地球日，但是经过了三次的拓展任务，直到2014年12月16日才结束任务。

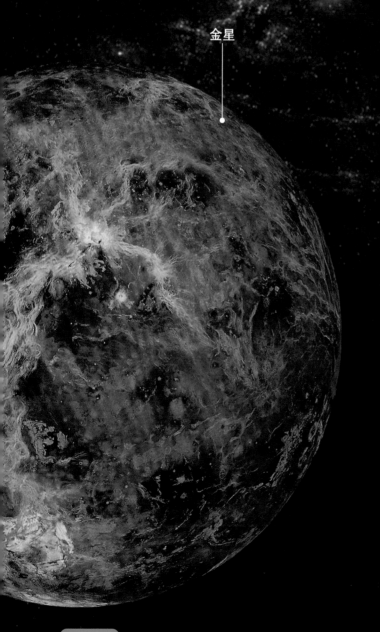

金星

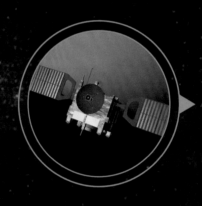

为什么叫"快车"

取名为金星快车是因为它跑得快吗？事实并不是这样的，之所以叫快车，并不是因为它跑得快，而是因为它的研发速度快。从2001年提出想法到准备发射一共才用了4年的时间，在此之前还没有任何一个宇宙探测器的项目开展得如此之快。

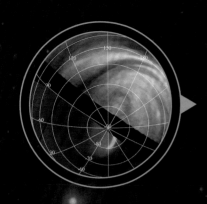

金星快车创下的纪录

金星快车创下了多项纪录：第一次用全球监测系统探测金星低空的近红外线，第一次开始研究金星表面高层大气的不同气体，第一次测量金星轨道表面气温的变化和分布，第一次用不同分光仪对金星进行观测。

金星快车陨灭

金星快车的燃料终有用尽的一天，在2014年11月28日，控制中心与金星快车失去了联系。虽然控制中心在12月3日断断续续地联系上了金星快车，但是并不能继续控制它，于是在12月16日，金星快车的任务宣告结束，原本只是让它完成为期2年的探测任务，它已经超额完成任务，待燃料耗尽之后就会坠入金星大气层。

"信使"号水星探测器

　　为了探测水星的环境与特性，美国研制出"信使"号水星探测器。"信使"号水星探测器在2004年8月发射，它携带了大量燃料，于2011年3月才进入水星轨道，对水星进行探测。

"信使"号有一把"遮阳伞"

　　在"信使"号水星探测器研制时，人们为它配备了一把"遮阳伞"，这是一个特殊的结构，它是一个具有高反射性的耐热遮阳罩。由于水星距离太阳很近，因此水星轨道附近的温度可达400℃，这把"遮阳伞"可以将探测器的温度保持在20℃以上，从而确保各种精密仪器正常工作。

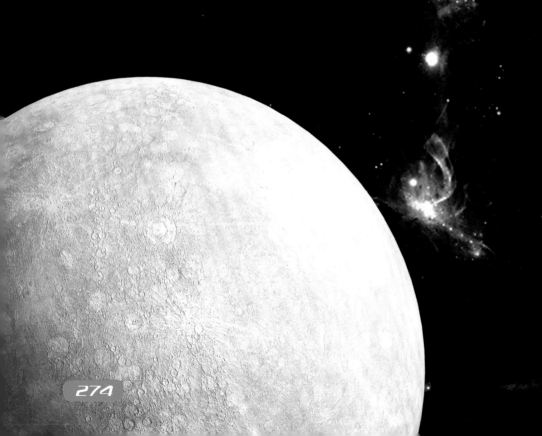

水星谜团

　　"信使"号水星探测器解开了水星众多谜团。它在飞行期间观测到许多未知区域，我们已经绘制出98%的水星表面地形图。它还为科学家提供了有关水星表面特定元素数量的观测数据。科学家对于它发射回的数据进行分析后，发现水星表面有火山活动迹象，以及磁亚暴的信息。

使命的终结

　　"信使"号水星探测器没有足够的燃料使其回到地球，因此当它结束了它的使命以后，水星将成为它最终的归宿。

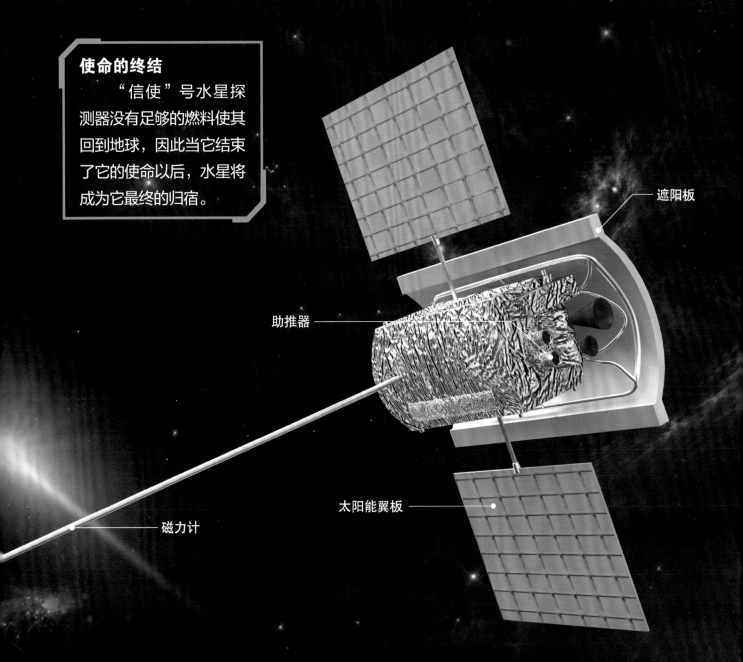

遮阳板

助推器

磁力计

太阳能翼板

"国际"空间站

　　"国际"空间站，是在轨运行最大的空间平台，是一个拥有现代化科研设备、可开展大规模、多学科基础和应用科学研究的空间实验室，为在微重力环境下开展科学实验研究提供了大量实验载荷和资源，支持人在地球轨道长期驻留。"国际"空间站项目由16个国家共同建造、运行和使用。1988年11月20日"国际"空间站第一个部件"曙光"号核心功能舱发射升空，计划在2024年后结束使命，脱离轨道坠入大海。

发射

　　1998年11月20日，俄罗斯在拜科努尔航天发射场用1枚"质子"号重型火箭，成功地把"国际"空间站的第一个组件"曙光"号核心功能舱送上太空。12月14日，美国航天飞机将"团结"号节点1号舱送上太空。随后陆续发射服务舱、双货舱型空间居室、美国实验舱、多用途的后勤和气闸舱。2000年11月2日，3名乘坐"联盟"TM号载人飞船进入轨道的航天员入驻"国际"空间站。

概念中的空间站

在想象中空间站是什么样子的呢？曾经人们的第一反应就是它需要一个大大的飞轮，空间站的形状是个圆筒形，像地球一样也有自转，也能产生重力。

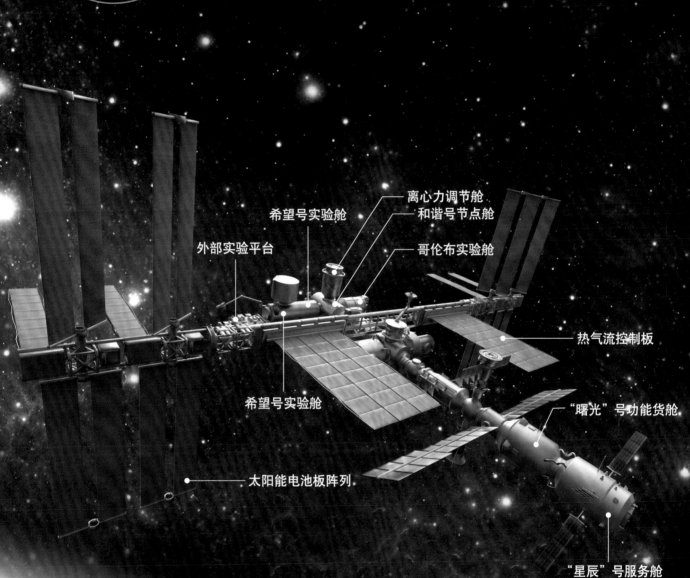

希望号实验舱

离心力调节舱
和谐号节点舱

外部实验平台

哥伦布实验舱

热气流控制板

希望号实验舱

"曙光"号功能货舱

太阳能电池板阵列

"星辰"号服务舱

"联盟"号飞船

　　苏联在航空航天方面经过了多年的研究和探索之后，开发出一种最成熟的载人航天器，它就是"联盟"号飞船。"联盟"号飞船是苏联研制的第三代载人飞船。它是一种多座位飞船，其中有1个指挥舱和1个供科学实验和航天员休息的舱房。在1967年到1981年间共发射了40艘"联盟"号飞船。

商业用途

　　"联盟"号飞船受到肯定之后，俄罗斯便开启了它的商业用途。搭乘"联盟"号飞船是当时往返空间站的唯一途径，这为俄罗斯提供了更大的商机。美国曾在2016年到2017年上半年租用"联盟"号飞船运送六名航天员往返空间站。除美国航天员以外，"联盟"号飞船的乘客还有来自加拿大和日本的航天员。

"太空握手"指的是什么

1967年到1981年间，"联盟"号飞船执行了多项任务，充分证明了自己的能力。在众多任务中最值得一提的就是1975年"联盟"19号飞船与美国的"阿波罗"18号飞船进行的空中对接任务。1975年7月15日这一天，地球的东西方向各发射一枚火箭，在17日，两艘飞船在地球轨道实现了对接任务，这一历史性的对接任务被人们称为"太空握手"。

发射逃生系统

指挥舱

轨道舱

推进舱

返回舱

日本HTV货运飞船——白鹳

　　日本得知美国的航天飞机即将退役，而日本在国际空间站的希望号舱段的实验计划仍需继续，日本渴望拥有属于自己的货运飞船，于是便有了日本HTV货运飞船。它是由日本航空航天探索局专门为国际空间站计划研发、由三菱重工制造的飞行器。HTV货运飞船也被称为"白鹳"，在日本传统文化中鹳是能够送来幸运的鸟。它的外形呈圆柱体，直径4.4米，长约9.8米，空重10.5吨。它配有非压力密封舱和舱门足够宽的压力密封舱，它能够将6吨重的补给运送到国际空间站，然后将废物带回地球并在大气层内燃烧掉。

加压舱

内部剖析

　　日本HTV货运飞船的舱段分为四个部分，分别是加压舱、不加压舱、电器舱和推进舱，它的每一个部分都有自己重要的用途。加压舱主要放置一些食物和水等生活补给和大型试验设备，进入加压舱的航天员可以不用穿着航天服，加压舱主要位于与空间站的对接处。不加压舱主要是放置空间站外部机械与试验平台仪器的区域。

推进舱

太阳能电池板

电器舱

航天飞机

　　航天飞机是一种需要有人驾驶、能够穿越大气层、往返于太空和地面之间的航天器，它和其他一次性航天器一样需要依靠火箭的推力送入太空。航天飞机结合了飞机与航天器的性能，就像是插了翅膀的太空飞船。迄今为止，只有美国和苏联曾经制造出能够进入地球轨道的航天飞机。2011年7月，美国航天飞机退役，这意味着美国航天飞机时代的终结。

航天飞机出世

　　美国是世界上第一个拥有航天飞机，并且成功利用航天飞机完成载人任务的国家。1969年4月美国国家航空航天局提出建造一种可以重复利用的航天器，于是就有了建造航天飞机的计划。经过多次试验和不断地探索，第一架航天飞机终于出现在历史的舞台，这也是航天技术发展史上的一个里程碑。

哥伦比亚号

　　1981年4月12日，世界上第一架航天飞机——"哥伦比亚"号发射成功，它是美国第一架正式服役的航天飞机，从这一天起美国开始了长达30年的航天飞机计划。直到2011年7月21日美国"亚特兰蒂斯"号航天飞机在佛罗里达州肯尼迪航天中心结束了它的最后旅程，标志着美国航天飞机时代的结束。

航天飞机的特别之处

　　航天飞机和其他一次性航天器一样需要利用火箭动力垂直升入太空。但它与其他航天器不同的是它带有像飞机一样的机翼,既然保留了机翼的造型自然有它的道理。它的机翼不仅可以在航天飞机回到地球进入大气圈的过程中起倒刹车的作用,还可以在降落时提供升力,与滑翔机的作用类似。因为它带有机翼,因此航天飞机的有效载荷率会降低。

遥控机械臂

发动机

起居室

航天飞机的时代意义

　　任何事物都有它产生和发展的意义,航天飞机是一个时代的产物,是人类探索太空的象征,虽然它有着诸多不完美之处,但它对国际空间站的建设、对人类探索项目的推动起到了重大作用。如今,航天飞机的使命终将完结,各国的目标是寻找更加经济适用、更加安全的航天器,而航天飞机将会在博物馆中接受人们的观赏。

"徘徊者"号探测器

  "徘徊者"号探测器的出现是为了美国阿波罗登月做铺垫，除此之外还有两个系列的月球探测器，分别是月球轨道环行器和月球勘探者探测器。从1961年8月到1965年3月，美国共向月球发射了9颗"徘徊者"号探测器，主要任务是研究整个月球，测量月球附近辐射等，对月球整体环境进行评估。"徘徊者"号探测器共有9次月球着陆任务，但是前两次发射失败，第三次火箭瞄准出现偏差，第四次控制系统出现故障，第五次动力系统发生故障，第六次着陆成功却没有得到照片，第七次是"徘徊者"号首次获得成功，直到第八次和第九次发射才得到了高质量的月球照片。

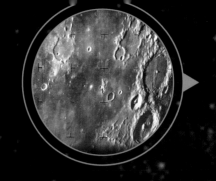

第一次的成功

　　1964年7月28日"徘徊者"7号探测器发射成功，这是徘徊者系列第一次取得成功的探测器。它的外形像是个大蜻蜓，装有6台摄像机，其中两台带有广角镜头，它总共向地球传送了4308幅月面图像，其中一些图像在离月面300米处拍摄，展现了月球上一些直径小到1米的坑和几块25厘米宽的岩石。

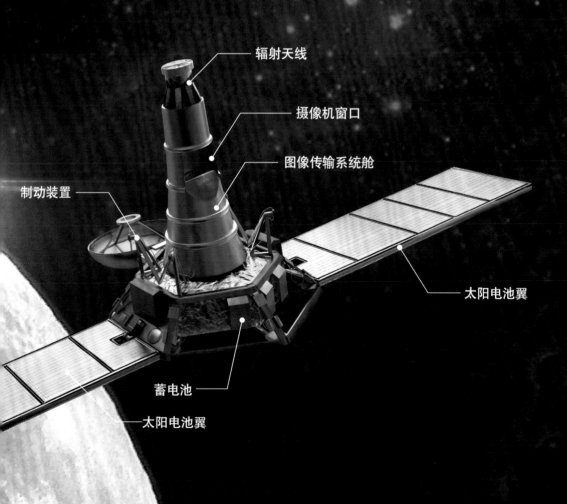

辐射天线

摄像机窗口

图像传输系统舱

制动装置

太阳电池翼

蓄电池

太阳电池翼

"阿丽亚娜" 4 号运载火箭

　　"阿丽亚娜" 4号运载火箭是一次性火箭，是"亚利安"系列运载火箭的第4款型号，由欧洲阿丽亚娜太空公司生产。在1988年6月15日"阿丽亚娜" 4号运载火箭首次成功发射，总共发射了116次，仅有3次失败。"阿丽亚娜" 4号运载火箭提升了运载量，从"阿丽亚娜" 3号运载火箭的1700千克直接提升到"阿丽亚娜" 4号运载火箭的4800千克。由于"阿丽亚娜" 5号运载火箭可以承载更大重量，所以"阿丽亚娜" 4号运载火箭在2003年2月宣布退役。

发展背景

　　1979年12月"阿丽亚娜" 1号运载火箭首次登场，并且成功试飞，在1981年正式开始商用，从此欧洲的运载火箭技术开始迅速发展。20世纪80年代之后，商业通信卫星技术的发展及大量应用推动了运载火箭的发展，然而通信功能的发展亟须提高火箭运载能力，火箭出现了供不应求的局面，因此欧空局陆续研发了"阿丽亚娜" 2号、3号、4号、5号运载火箭。

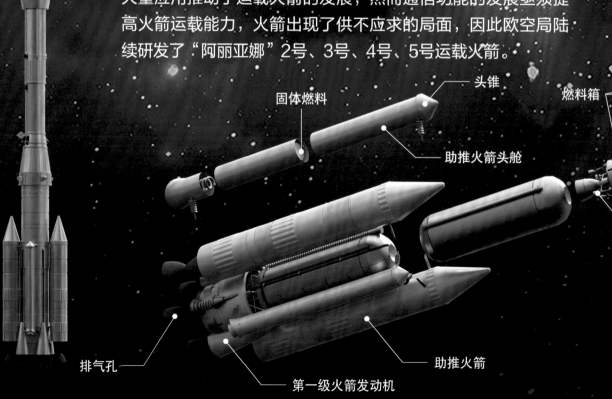

头锥

固体燃料

燃料箱

助推火箭头舱

排气孔

第一级火箭发动机

助推火箭

"阿丽亚娜"5号运载火箭

　　"阿丽亚娜"5号运载火箭是世界上第一个"少级数、大直径"的大型运载火箭。在1996年6月4日第一次发射，但发射失败，1997年10月30日第二次发射，获得成功。在第三次发射成功后正式投入商用。

技术指导

　　AR-40型是所有"阿丽亚娜"4号运载火箭的基本型，属于三节式运载火箭，高度是58.4米；直径是3.8米，发射质量可达245000千克，主引擎是四颗维京2B火箭引擎，推力可达667千牛顿。第二节使用一颗维京4B引擎，第三节使用的是液态氧及液态氢的HM7-B引擎。

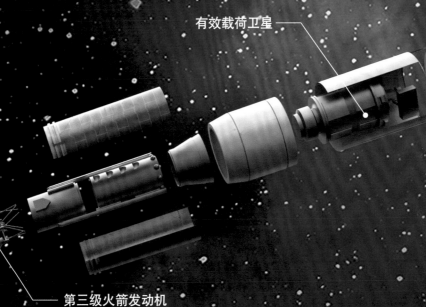

有效载荷卫星

头锥

第三级火箭发动机

第二级火箭发动机

"旅行者"号探测器

　　"旅行者"号探测器是美国研制的两颗行星探测器，它出自"水手计划"，原名"水手"11号和"水手"12号。它们在1977年发射升空，并且沿着各自不同的轨道飞行。它们的主要任务是探测太阳系外围的行星。"旅行者"1号和2号共同探访了木星和土星，"旅行者"2号独自探访了天王星、海王星和冥王星。"旅行者"1号在离开土星后，美国国家航空航天局随即让"旅行者"1号开始了星际探索任务。估计两艘"旅行者"号探测器上的电池，均能够提供足够电力至2025年。

"旅行者"1号

　　在1977年9月5日"旅行者"1号乘"泰坦"3号E半人马座火箭在佛罗里达州发射升空。在1979年"旅行者"1号首次对木星进行拍摄，在拜访木星时，意外地发现了木卫一具有火山活动，这在地球上是无法观测到的。随后"旅行者"1号去探访了土星，发现土卫六具有浓密的大气层，于是它留下近距离探测土卫六，在探测过程中却遇到了额外引力的影响，最终离开了航道。

"旅行者"2号

　　"旅行者"2号在1977年8月20日发射升空并跟随"旅行者"1号拜访了木星、土星，随后"旅行者"2号又去拜访了天王星和海王星。"旅行者"2号在1986年1月24日在天王星附近发现了10颗之前未知的卫星，并观测到了天王星已知的九个环。之后"旅行者"2号又飞向海王星，在海王星附近观测到海王星的大暗斑。随后"旅行者"2号又掠过冥王星，最终离开太阳系。

"旅行者"号的先进技术

"旅行者"1号和2号这两个探测器携带的电力将持续到2025年，到那时，它们的电力耗尽后将会飞向银河系的中心。这两个探测器各重815千克，它们主要依靠巨行星的引力作用来变更轨道，从而可以探测多个行星。它们携带有宇宙射线传感器、等离子体传感器、磁强计、广角及窄角电视摄像仪、红外干涉仪等11种科学仪器，耗资3.5亿美元。

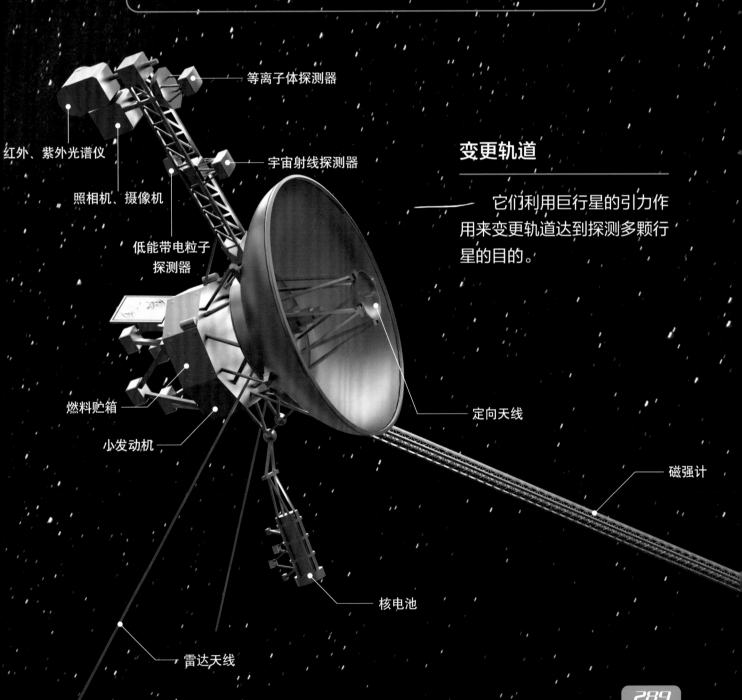

等离子体探测器

红外、紫外光谱仪

宇宙射线探测器

照相机、摄像机

变更轨道

它们利用巨行星的引力作用来变更轨道达到探测多颗行星的目的。

低能带电粒子探测器

燃料贮箱

小发动机

定向天线

磁强计

核电池

雷达天线

"深度撞击"号

　　2005年1月13日，北京时间2时47分，美国彗星探测器——"深度撞击"号搭载德尔塔II型火箭发射升空。2005年7月4日05时44分释放出一颗重370千克的铜弹，成功撞击坦普尔1号彗星的彗核，随后地球在8分钟后接收到撞击信息。这是人类历史上第一次与彗星亲密接触。深度撞击号分为撞击器和飞越探测器两个主要部分，探测器还携带了两个相机：高分辨率相机和中分辨率相机。这次"深度撞击"号的主要任务就是解答有关彗星方面的基本问题，例如彗核的成分、撞击造成的撞击坑深度、彗星的形成地点等。

"深度撞击"号失联

　　"深度撞击"号最后一次与地面联系是在2013年的8月8日，科学家经过一个月的不懈努力希望能够挽救"深度撞击"号，不幸的是科学家并没有成功，"深度撞击"号彻底失联，并且宣布该任务终止。

撞击结果

　　这次撞击使彗星失去500万千克的冰，以及1000万~2500万千克的尘埃。经过科学家的分析表明彗星含有比预期更多的尘埃及更少的冰。构成彗星的颗粒比较小，科学家把它比作"滑石粉"。彗星的成分有黏土、碳酸盐、钠以及硅酸盐结晶，并且彗星大部分体积都是中空的。

有何拓展任务

由于"深度撞击"号所搭载的仪器并没有出现问题，仍可以正常工作，因此研究人员为它安排了新的拓展任务。第一个拓展任务就是飞越Boethin彗星，但是这项任务并没有取得成功。

定向天线 ——

发动机 ——

长征运载火箭

　　长征运载火箭是指长征系列运载火箭，它是中国自行研制的航天运载工具。1970年4月24日，"长征"1号运载火箭首次成功发射"东方红"1号卫星，这是中国掌握了进入太空的能力的标志。长征系列运载火箭为中国航天技术的发展做出了巨大贡献。1996年10月至2009年4月，长征系列运载火箭发射连续成功75次。它的可靠性吸引许多国外用户，截至2017年12月，中国长征火箭累计为国内外用户提供了60次商业发射，其中搭载发射服务15次。

长征系列运载火箭的发展意义

　　中国首颗人造卫星发射成功以后，标志着中国具备了独立进入太空的能力。长征系列运载火箭由常温推进剂到低温推进剂、由末级一次启动到多次启动、从一箭单星到一箭多星、从载物到载人，不断突破自己，发展成为今日的庞大家族，它为中国航天技术的发展提供了广阔的舞台，推动了中国卫星及其应用以及载人航天技术的发展。

"长征"1号系列运载火箭

　　长征系列运载火箭一共完成了四代，其中"长征"1号和"长征"2号为第一代，其运载能力等总体性能偏低、使用维护性差。"长征"1号系列运载火箭主要用于近地轨道小型有效载荷，共进行了2次发射，均获成功，在1971年退役。

"长征"2号系列运载火箭拥有庞大的家族，是目前中国最大的运载火箭系列。它主要任务是承担近地轨道和太阳同步轨道的发射。"长征"2号运载火箭共完成4次发射，有一次失败，在1979年末退役。

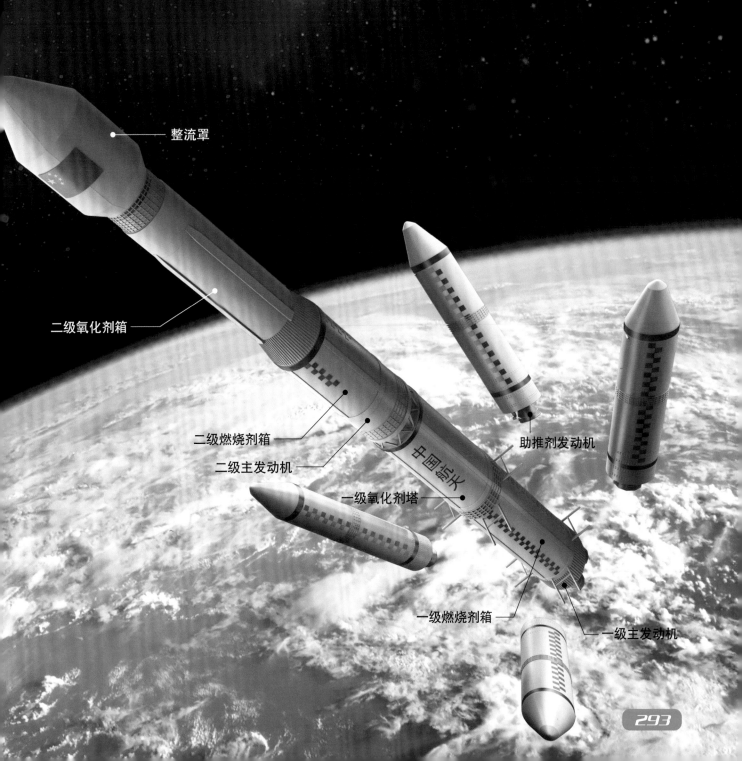

整流罩

二级氧化剂箱

二级燃烧剂箱

二级主发动机

一级氧化剂塔

助推剂发动机

一级燃烧剂箱

一级主发动机

中国长征

"神舟" 5 号飞船

　　"神舟"5号飞船是中国第一艘载人航天飞船，是中国"神舟"系列飞船中的第五艘。于2003年10月15日9时在酒泉卫星发射中心成功发射。"神舟"5号飞船的成功发射标志着中国成为继苏联和美国之后的第三个独立掌握载人航天技术的国家。航天员杨利伟将一面五星红旗送入太空，这是我国在航天事业上具有里程碑意义的一刻。飞船由轨道舱、返回舱、推进舱和附加段组成，总重7840千克，以平均每90分钟绕地球1圈的速度飞行，飞船环绕地球14圈后在预定地区着陆。中国在航天事业上迈出了重要的一步，今后还将不断地努力，建立更加完整的航天体系。

中国航天第一人

　　杨利伟乘坐"神舟"5号飞船进入太空，成为中国第一位进入太空的太空人，他是中国培养的第一代航天员。2003年11月7日在中国首次载人航天飞行庆祝大会上，杨利伟获得"航天英雄"的称号，并向他颁发了"航天功勋奖章"，以表彰他为中国航天事业做出的贡献。

飞船使命

　　"神舟"5号飞船的任务是：完成首次载人飞行试验；在飞行期间为航天员提供必要的工作条件；确保航天员和回收物品在完成任务后安全返回地球；确保在发生重大故障后航天员能够通过其他系统的支持，人工控制安全返回地面；飞船的留轨舱进行空间应用实验。

什么是航天育种试验

　　从1978年开始到2001年初，中国共进行了10次植物种子的搭载试验，并且取得了成功，试验物种有谷物、棉花、油料、蔬菜、瓜果等主要作物品种。种子上太空中旅行一圈然后返回地面，经过种植优选，粮食即可实现增产，这项试验为农业经济带来了重大突破。

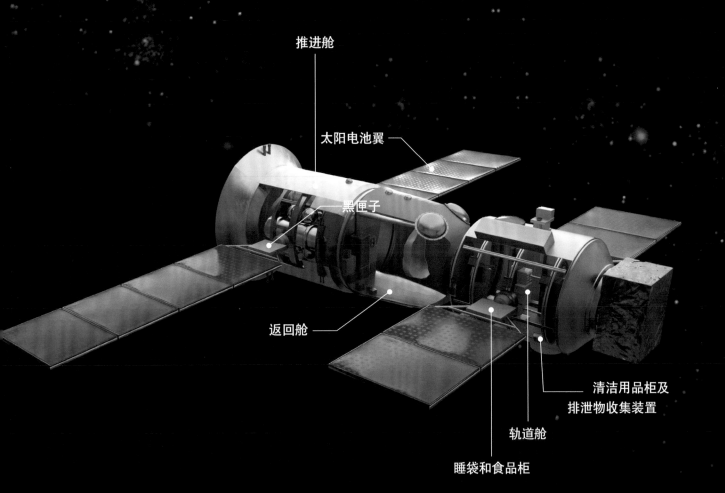

推进舱

太阳电池翼

黑匣子

返回舱

清洁用品柜及
排泄物收集装置

轨道舱

睡袋和食品柜

"神舟"11号飞船

"神舟"11号飞行任务是中国第六次载人飞行任务。2016年10月17日7时30分，"神舟"11号载人飞船通过"长征2号FY11"运载火箭在酒泉卫星发射中心成功发射进入太空。"神舟"11号飞船进入轨道之后，在10月19日凌晨，与"天宫"2号空间站自动交会对接成功，形成组合体，航天员景海鹏、陈冬进驻"天宫"2号空间站。在这期间航天员要按照要求展开有关科学试验。11月17日12时41分，"神舟"11号飞船与"天宫"2号空间站成功分离，航天员踏上了返回之旅。11月18日下午，飞船顺利着陆，"天宫"2号空间站继续它的独立运行模式。这是一次持续时间最长的中国载人飞行任务，时间长达33天。

与"天宫"2号空间站交会对接

2016年10月19日凌晨，"神舟"11号与"天宫"2号空间站自动交会对接。想要对接成功首先需要两个飞行器在彼此距离相隔上万公里的太空能互相找到，然后慢慢接近，保证两个航天器在同一时间到达轨道上同一个位置。"神舟"11号飞船经过2天的飞行，最终与"天宫"2号空间站相见，然后不断确认位置、调整姿态和速度，最终严丝合缝地对接到一起。

飞船任务

"神舟"11号飞船主要有三个任务：第一，要为"天宫"2号空间站在轨运营提供人员和物资，考核空间站的交会对接和载人飞船的返回技术；第二，完成与"天宫"2号空间站交会对接，考核航天员驻留时的生活、工作和健康保障能力；第三，开展有人参与的航天医学、空间科学、在轨维修试验等。

更加人性化

这次飞行更加注重航天员的生活质量，首次建立起了天地远程医疗支持系统，通过天地协同会诊来为航天员看病；更加注重航天员的营养摄入问题，提供有近百种航天食品，膳食结构也更加科学，以满足航天员能够摄入足够的营养，并且也考虑到了个性化需求，变得更加人性化。

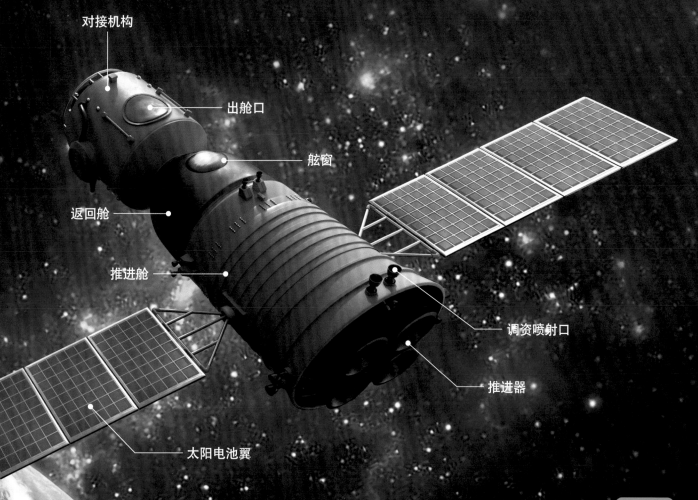

对接机构

出舱口

舷窗

返回舱

推进舱

调资喷射口

推进器

太阳电池翼

"嫦娥" 3 号探测器

2013年12月2日"嫦娥"3号探测器在中国西昌卫星发射中心升空。它搭乘的是"长征"3号乙运载火箭,在12月14日成功着陆于月球雨海西北部,15日完成着陆器、巡视器分离。这次登月的主要任务包括"寻天、观地、测月"的科学探测和其他预定任务。"嫦娥"3号探测器成功完成了这次的任务,并且我们通过此次登月获得了一定成果。"嫦娥"3号探测器是中国嫦娥工程二期中的一个探测器,是中国第一个月球软着陆的无人登月探测器。

探测任务

此次探测的工程目标是突破月面软着陆、月面巡视勘察、深空测控通信与遥操作、深空探测运载火箭发射等关键技术;研制月面软着陆探测器和巡视探测器,建立地面深空站;建立月球探测航天工程基本体系,形成重大项目实施的科学有效的工程方法,此次登月的科学任务是调查月表形貌与地质构造;调查月表物质成分和可利用资源;地球等离子体层探测和月基光学天文观测。

五大系统是什么

探测器系统、运载火箭系统、发射场系统、测控系统,以及地面应用系统是此次嫦娥工程的五大系统。其中探测器系统由中国航天科技集团公司负责,"嫦娥"3号探测器就是他们研制的。"嫦娥"3号探测器由着陆器和月球车两部分组成。

减速着陆方法

由于月球表面是没有大气层的，因此"嫦娥"3号探测器无法利用气动减速的方法着陆，这就需要"嫦娥"3号探测器靠自身推进系统减小约每秒1.7千米的速度，并不断调整姿态，不断减速以便在预定区域安全着陆。"变推力推进系统"的设计方案是经过反复论证后才提出的，从而破解了着陆减速的难题。

"嫦娥"3号探测器的成果

人们一直好奇月球中是否存在水，在这次任务中我们终于得到了准确的答案：没有。"嫦娥"3号探测器的另一个重要任务，就是观察我们的家乡——地球。在着陆器上安装了极紫外相机，它是人类第一次在月球上对地球周围四万千米的等离子层进行观测。

自2013年12月14日在月面软着陆以来，"嫦娥"3号探测器创造了全世界在月工作最长纪录。

月球探测器——月球车

月球车是一种可以在月球表面行驶，用来完成月球考察和探测的专用车。它能够帮助人们在月球表面收集、取样，并且完成复杂的分析，是人类探索月球环境必不可少的工具，科学家通过月球车所带回的样本进行深入分析，使人类对月球有了更进一步的认识。月球车的造价很高，属于相当奢侈的一次性产品，它具备初级的人工智能，它能够识别、攀爬和翻越障碍物，就像是一个太空机器人，而且它必须要适应月球上的恶劣环境。月球在一个自转周期内，温差可达310℃，因此巨大的温差是月球车需要克服的首要难关。月球车是个不可维修产品，因此它必须具备非常高的可靠性。当月球车完成自己的使命后将会继续留在月球上。

世界上第一辆月球车

苏联发射的无人驾驶的"月球车"1号于1970年11月成功降落在月球上，它的绰号叫"梦想"，是苏联第一个"月球计划"的产物，是世界上第一辆月球车。

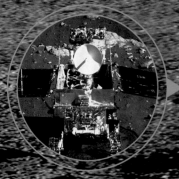

中国首辆月球车

2013年12月14日"嫦娥"3号探测器在月球表面实现软着陆，并在月球上释放了我国第一辆月球车，它的名字叫"玉兔"号月球车。"玉兔"不仅体现了我国的传统文化，也表达了中国和平利用太空的心愿。

主要种类

月球车主要分为无人驾驶和有人驾驶两种。无人驾驶的月球车的一切行动完全靠地面的遥控指令，它们主要由轮式底盘和仪器舱组成，用太阳能和蓄电池供电。有人驾驶月球车是为航天员提供的在月面行走的车，它能够大大减少航天员的体力消耗，可随时采集标本。它的每个轮子各由一台发动机驱动，靠蓄电池供电，可向前、向后、转弯和爬坡。

月球车与汽车有什么不同

月球车是不用汽油的，汽油的燃烧需要氧气，而月球上是没有氧气的。在月球上重力只有在地球上的六分之一，因此月球车不能像汽车那样开得很快，如果太快就会飞起来。最初的月球车的速度只有每小时14千米，还没有成年人步行的速度快。月球车没有方向盘，它只有一个操纵杆，而且月球车是一个成本很高的一次性产品。

全景相机
导航相机

定向天线

桅杆

太阳电池翼

机械管

目前月球车的移动系统都是靠轮子实现的。

"天宫" 1 号空间站

　　"天宫" 1号于2011年9月29日21时16分03秒在酒泉卫星发射中心由"长征"2号运载火箭发射升空，这是中国第一个目标飞行器和空间实验室，它全长10.4米，最大直径3.35米，分为实验舱和资源舱。"天宫"1号为航天员提供了更宽敞的可活动空间，达15立方米，能够同时满足3名航天员工作和生活的需要。实验舱前端装有被动式对接结构，可与追踪飞行器进行对接。"天宫"1号绕地球一圈的运行时间约为90分钟。最初它的设计使用寿命为两年，2013年6月"神舟"10号飞船返回后，"天宫"1号即完成主要使命，服役期间一直表现良好。在2018年4月2日8时15分左右，"天宫"1号目标飞行器，在大气中焚毁，残骸落入南太平洋中部区域。

主要任务

　　"天宫"1号此次旅行主要有四个任务："天宫"1号与"神舟"8号配合完成空间交会对接飞行试验；确保航天员在驻留期间的生活和工作能够安全进行；开展空间应用、空间科学实验、航天医学实验和空间站技术实验；建立短期载人、长期无人独立运行的空间实验站，为以后建造空间站积累经验。

超期服役

　　"天宫"1号在2013年9月圆满完成了它的所有任务。即使太空环境具有真空、低温、高辐射等特点，但"天宫"1号一直运行良好。因此"天宫"1号转入拓展任务飞行阶段，在拓展飞行的一年时光中，它进行了太阳电池翼发电能力测试、备份姿态测量和控制模式切换、4b发动机变轨等试验，"天宫"1号已经严重超期服役，但它的所有设备运行正常，状态良好。

成功对接

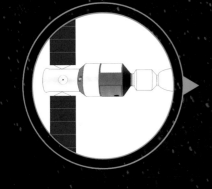

2011年11月,"神舟"8号飞船与"天宫"1号空间站对接成功,中国也成了世界上第三个自主掌握空间交会对接技术的国家。2012年6月18日,"神舟"9号飞船与"天宫"1号成功对接,中国航天员首次进入在轨飞行器。2013年6月13日,"神舟"10号飞船与"天宫"1号顺利完成对接任务,"神舟"10号飞船返回后,"天宫"1号的使命完成。

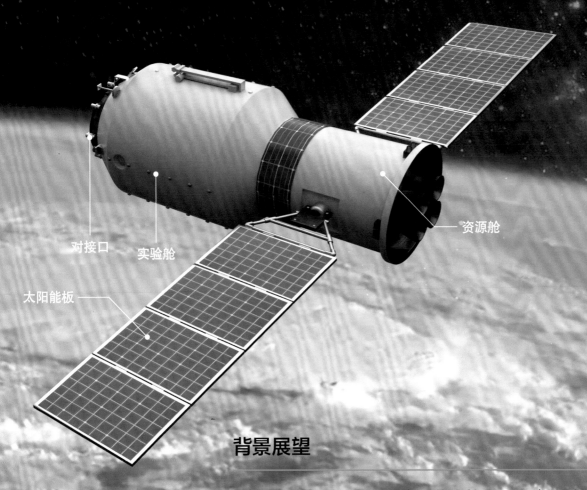

对接口　实验舱

太阳能板

资源舱

背景展望

1992年9月21日,中国载人航天工程(又叫921工程)开始,计划确立了载人航天"三步走"的发展战略。经过多年不断地探索和努力,顺利完成第一步。从2005年起,"神舟"6号飞船和"神舟"7号飞船的发射标志着"三步走"战略第二部拉开序幕,现已完成大半部分,随后将进行空间交会对接,建立空间实验室。

航天员与航天服

　　太空的环境极端恶劣，那里不仅没有人类所必需的氧气，而且温度极低，是人体所不能承受的，因此人们为了进入太空探索而研制出了航天服。航天员必须穿着航天服进入太空，不然必是死路一条。航天服是一套生命保障系统，在航天服里能够保证人体所需的氧气、温度以及大气压，航天员穿着航天服才能在太空中维持正常的生命活动，才能有效地完成太空探索。航天服是由飞行员密闭服的基础上发展而来的多功能服装，初期的航天服只能使航天员在船舱中使用，后期才研制出可以出舱的航天服。

航天服的历史

　　1961年第一代航天服在美国诞生。美国最早的载人航天飞船计划所用的航天服是由当时美国海军飞行员所穿的MK-4型压力服改进而来。60年代实施"双子座"计划时美国又改进出了第二代航天服，到了阿波罗计划的时候已经是第三代航天服了。

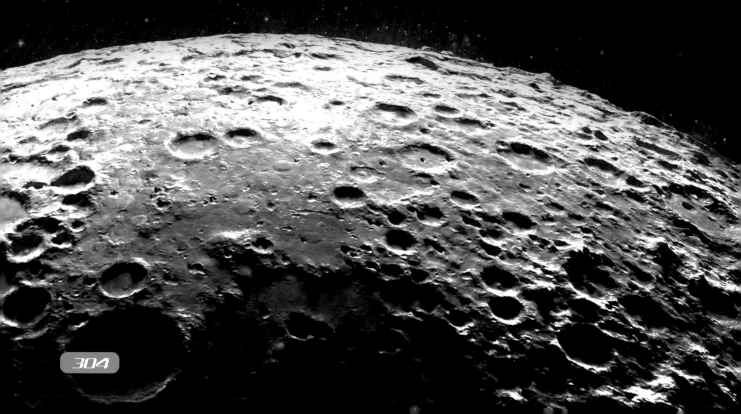

神奇的航天服

航天服里是一个密闭的内循环空间，由密闭的头盔和密闭服组成。头盔可以阻挡紫外线和强烈的辐射，也可以提供氧气和压力。密闭服中间夹有多层铝箔，可以有效隔热、防止宇宙射线、防止流星的撞击。航天服中还配有无线电通信设备，以及配有航天员的摄食和排泄设施。

那些你想不到的设计

因为温差的原因，在航天服的头盔上很有可能会起雾，所以在头盔里需要涂上一层防雾霜。

穿上了航天服行动有所不便，视野也变小了，在袖子的手腕处安装了反光镜，可以方便航天员进行观察。

星·际·探·测

航天头盔

航天员在航天飞行中所戴的头盔，不仅能隔音、隔热和防碰撞，而且具有减震、重量轻的性能。头盔为软盔壳，与压力服装连成一体，紧贴在航天员头盔盔壳里面的是通风衬垫，具有隔热和消声作用。

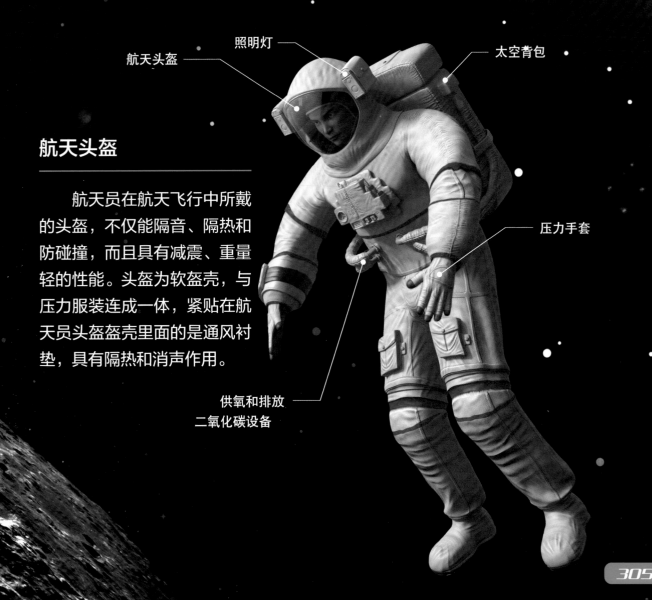

航天头盔

照明灯

太空背包

压力手套

供氧和排放
二氧化碳设备

305

开发宇宙资源

随着人类社会的进步，人类生活越来越依赖电、汽油、天然气等能源了。人口的不断增加导致人类对能源的开发利用也越来越大，地球上的可用资源也越来越少。未来地球还能够支撑多久？人类终有一天会面临资源短缺的终极问题。因此为了环保，人们已经开发利用地球上的一些可再生能源，例如：风能、地热能、潮汐能等。在浩瀚的宇宙中隐藏着更巨大的资源等着我们开发利用，因此人们又将目光转向了未知的宇宙世界，如果利用得当就会造福人类。

太阳能

说到宇宙资源，我们现在运用最多、最熟悉的就是太阳能了。我们发射升空的所有航天器都会装上太阳能电池板，都需要太阳能为航天器提供动能。在地球上我们通常用太阳能发电或者为热水器提供能源。

矿产资源

我们通过从宇宙中得到的样本中发现，宇宙中的矿产资源非常丰富。从月球上带回来的土壤样本分析得到，月球表面含有丰富的铁，非常便于开采和冶炼。而且月球土壤中含有丰富的氦-3，利用氘（chuān）和氦-3进行的氦聚变可以作为核电站能源，这种聚变不会产生中子，安全无污染且容易控制，非常适合地面核电站利用。

暗能量

　　暗能量是宇宙中微妙的存在，暗能量的特点是具有负压，它几乎均匀分布于宇宙空间中。宇宙的运动都是旋涡形的，所以暗能量总是以一种旋涡运动的形式出现。曾有科学家认为，黑洞能量也属于暗能量的一种。由于暗能量的神秘性，我们还没有完全研究清楚，所以现在还无法实现对暗能量的利用。

宇宙中的辐射能

　　宇宙中存在很多的辐射能。其中，我们利用最多的辐射能当属太阳能。

宇宙环境资源

　　所谓宇宙环境资源指的是在宇宙中存在的，但是地球上是不存在的而且无法模仿出来的资源，宇宙中的微波、失重、辐射等可以产生一些地球上不能发生的现象，产生一些无法想象的物质。

移民火星

　　地球作为茫茫宇宙空间里的渺小的一员，可想而知宇宙的空间有多浩大。由于地球人口不断增长，终有一天地球会不堪重负，或许合理利用宇宙空间会是一个不错的选择。如今人类已经加大了对外太空的探索，太空已经渐渐被人类了解，神秘的太空再也不是人类一无所知的领域，随着人类对火星的了解越来越多，不少科学家开始进行移民火星的科学探索，火星移民的计划也早已被提出。或许在不久的将来，人类移民外太空的梦想就会实现。

水

　　人类的生存离不开水，而火星上并没有适合饮用的水资源。火星上的水的咸度要比地球上的海洋还高。

火星移民计划

火星移民计划的目的是移民火星并在火星建社区。但是移民火星以及火星改造计划是否可行人们看法不一。

温度

想要在火星上生存就必须具备与地球类似的温度。火星虽然名字给人一种火热的感觉，其实它是一颗冰冷的星球，只有赤道附近的温度可以达到0℃以上，想要使火星的冰冻物质完全融化，就要让火星的外层大气达到40℃左右。祖柏林提出了三个让火星变暖的方案，其中第三种方案就是制造温室气体，这一方案被众多科学家认同。他计划在火星上建几处化工厂，不停地制造四氟（fú）化碳，因为四氟化碳是最有效的温室气体。只需短短30年，火星的平均温度将会升高27.8℃。

星际旅行

　　星际旅行是人类太空愿望的其中之一。但如今我们的技术还不能够实现这样的愿望，于是人们将这个愿望寄托于科幻作品，在影视作品中实现了星际旅行。但是宇宙太巨大了，即使是科幻作品也需要花费很大力气去填补这种巨大所产生的空洞感。在如此浩瀚的宇宙中旅行，我们需要具备哪些条件？首先，宇宙飞船的技术需要有突破性的进展；第二，能源需要更加进步，星际旅行是极其消耗能源的；第三，星际旅行需要花费很长时间，但是人类的寿命是有限的，人类的寿命需要有所突破。这些听起来都很难实现，人类目前确实并不符合实现星际旅行的条件，不过在不远的将来，当科技更加发达，人类很有可能突破难关，实现星际旅行。

黑洞能量

　　我们通过科幻小说也能得到一些启发，比如黑洞引擎。我们利用人造的黑洞来为引擎提供动力，黑洞能量并不来自它的质量，而是产生于光。根据爱因斯坦的广义相对论我们能够得到，足够能量密度的激光束汇聚于极小的一个区域，则可以扭曲这个区域的时空构造，产生一个奇点，这便是由能量激发出的黑洞。

星际旅行真的会实现吗

宇宙空间环境恶劣，人类在太空旅行需要冒着很大的生命危险，让机器人代替或许是个不错的选择。想要实现星际旅行，至少要达到卡尔达肖夫指数的II型文明，也就是能够掌控恒星的能量。因为恒星遍布银河系之中，只要充分利用恒星的能量，近距离的星际旅行是有可能实现的。

图书在版编目（CIP）数据

太空运转的奥秘 / 赵冬瑶，韩雨江，李宏蕾主编
. -- 长春 ：吉林科学技术出版社，2024.1（2025.1重印）.
ISBN 978-7-5744-0836-4

I . ①太… II . ①赵… ②韩… ③李… III . ①宇宙—
青少年读物 IV . ①P159-49

中国版本图书馆CIP数据核字(2023)第177165号

太空运转的奥秘

TAIKONG YUNZHUAN DE AOMI

主　　编　赵冬瑶　韩雨江　李宏蕾
出 版 人　宛　霞
责任编辑　朱　萌　丁　硕
封面设计　王　婧
制　　版　长春美印图文设计有限公司
幅面尺寸　210 mm×280 mm
开　　本　16
印　　张　19.5
字　　数　320千字
印　　数　30 001～35 000册
版　　次　2024年1月第1版
印　　次　2025年1月第3次印刷

出　　版　吉林科学技术出版社
发　　行　吉林科学技术出版社
地　　址　长春市福祉大路5788号出版大厦A座
邮　　编　130118
发行部电话/传真　0431-81629529　81629530　81629531
　　　　　　　　　 81629532　81629533　81629534
储运部电话　0431-86059116
编辑部电话　0431-81629518
印　　刷　吉林省吉广国际广告股份有限公司

书　　号　ISBN 978-7-5744-0836-4
定　　价　158.00元

太阳

水星

金星

太阳系行星

地球

火星

木星

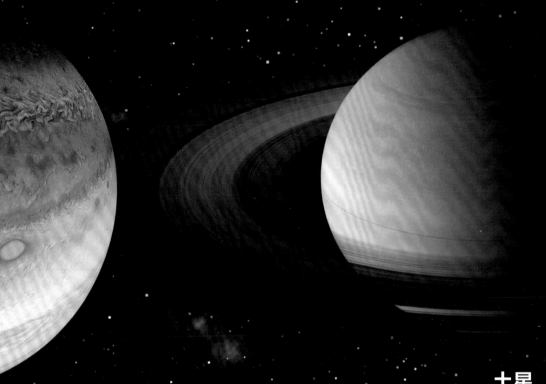

星系统

土星

天王星

海王星